Gekrönte Preisarbeit.

Beiträge zur Entwickelungsgeschichte einiger Orchideen.

Inaugural-Dissertation
zur
Erlangung der Doctorwürde
bei der
Hohen philosophischen Facultät
der
Kgl. bayer. Ludwig-Maximilians-Universität zu München

von
E. Capeder,
Chur, Schweiz.

Sonderabdruck aus „Flora oder allg. Bot. Zeitung", 1898, Heft 4.

München
Druck von Val. Höfling, Kapellenstrasse 3
1898.

Meiner lieben Mutter
und dem Andenken meines lieben verstorbenen Vaters,
Herrn Stadtcassier P. Capeder,
in Dankbarkeit gewidmet.

Meinem sehr verehrten Lehrer, Herrn Professor Dr. K. Goebel, spreche ich an dieser Stelle für das grosse Interesse, welches er meiner Arbeit stets entgegenbrachte, sowie für sein grosses Wohlwollen meinen tiefgefühlten Dank aus.

Hierzu Tafel XVI und XVII und 21 Textfiguren. Die Abbildungen auf den Tafeln sind mit grossen Buchstaben, die im Text mit Zahlen, einzelne mit kleinen griechischen Buchstaben bezeichnet.

A) Ueber Cypripedium.

I. Geschichtliches.

R. Gérard, ein französischer Anatom, konnte in seiner 1878 erschienenen Abhandlung über die Homologie und das Diagramm der Orchideen mit gewisser Berechtigung sagen: „la fleur de Cypripedium semble être la mieux connue entre toutes celles des Orchidées"; denn es existirte damals wie auch heute wirklich kaum mehr ein Zweifel darüber, wie die einzelnen Theile an der fertigen Cypripediumblüte aufzufassen und diagrammatisch zu deuten seien; eine Thatsache, welche um so mehr auffallen muss, als man andrerseits in der Deutung der einzelnen Bestandtheile, z. B. einer Ophrydeenblüthe auch heutzutage noch immer hin- und herschwankt. Es wäre jedoch irrig, anzunehmen, die heutige Erkenntniss der Cypripediumblüthe sei stets, d. h. von den Zeiten Linné's an ununterbrochen bis auf unsere Zeit die nämliche gewesen und geblieben; denn während Linné und Haller bei Cypriped. die beiden Antheren richtig als zwei Antheren angesprochen haben und das Staminodium, allerdings irrthümlicher Weise, als dem nämlichen Staminalkreise angehörig betrachtend, dass dritte Staubblatt nannten, wollte Du Petit Thouars in seiner Histoire particulière des plantes Orchidées 1822 die Cypripediumblüthe als monandrische Blüthe betrachtet wissen.[1]) Er glaubte nämlich, es seien die beiden Antheren nichts anderes als die beiden Pollinien der Ophrydeen, welche durch ein monströses „Connectiv", das Staminodium der heutigen Deutung, von einander getrennt erscheinen. Zu dieser uns heute als etwas merkwürdig erscheinenden Deutung wurde genannter Autor veranlasst durch den Irrthum Linné's und Haller's einerseits, und durch die Widerlegung desselben durch Adanson, Schwarz und Jussien andrerseits. Nachdem nämlich die drei letztgenannten Autoren nachgewiesen hatten, dass die beiden Pollinien der Ophrydeen, nicht wie Linné und Haller angenommen hatten, als zwei Antheren aufzufassen seien, sondern die beiden Hälften einer Anthere darstellen, glaubte Du Petit Thouars die Monandrie auch für Cypripedium, und zwar in der oben angeführten Weise wiederzufinden. Mehr als 20 Jahre später sollte diese Ansicht von Du Petit Thouars nochmals auftreten und zwar vertreten durch Link,[2]) welcher angenommen hat, dass die beiden Antheren von Cypripedium durch Spaltung des fruchtbaren Staubgefässes der monandrischen Arten

---

1) Siehe Gérard: sur l'homologie et le Diagramme des Orchidées. pag. 1. Ann. des scie. nat. T. VIII, 1878.

2) Bemerkungen über den Bau der Orchideen, besonders der Vandeen. Ein Auszug aus einer in der Akademie der Wissenschaften zu Berlin vorgelesenen Abhandlung von H. F. Link, Botan. Zeitung 1849, pag. 748 und 749.

entstanden seien, während das Staminodium nur das entwickelte Connectiv dieses Stamens repräsentire.

Link äussert sich darüber wie folgt: „Cypripedium ist kein Diandrist, die Säule theilt sich nur in zwei Aeste, von denen jeder ein Antherenfach mit zwei Pollenmassen trägt. Nur diese Theilung der Säule unterscheidet diese Gattung von den übrigen."

Von den älteren Autoren, welchen wir Mittheilungen über Cyprip. verdanken, kommen ferner in Betracht: R. Brown, Darwin, Van Tieghem und Gérard.

Die von R. Brown herstammende Deutung der Cypripediumblüthe, wonach dieselbe aus 5 alternirenden dreizähligen Quirlen besteht, wurde auch von seinen Nachfolgern als zutreffend angenommen, und die R. Brown'sche Angabe, es gehören die beiden fertilen Stamina dem inneren Quirle an, während das Staminodium als ein dem äusseren Quirl angehöriges Gebilde zu betrachten sei, hat ausser durch Link[1]) keine weitere Anfechtung erlitten. Darwin und Van Tieghem ist es sogar gelungen, die Richtigkeit der diagrammatischen Deutung Brown's durch den Gefässbündelverlauf zu erhärten.[2]) Gérard endlich, welcher in seiner Schrift: Diagramme des Orchidées auch auf Cypriped. zu sprechen kommt, bestätigt, den Gefässbündelverlauf betreffend, die Untersuchung Van Tieghems, nur in Bezug auf den anatomischen Bau des Staminalbündels widerlegt er dessen Ansicht, insofern nämlich, als er nachweisen konnte, dass Gefäss- und Siebtheil in demselben eine andere Orientirung haben, als sie Van Tieghem angibt.[3])

Alle bisher genannten Autoren hatten ihre Ansichten begründet auf Morphologie und Anatomie der fertigen Blüthe. Von der vollen Ueberzeugung ausgehend, dass Morphologie und Anatomie allein nicht im Stande sind, eine sichere Basis für die Erkenntniss des Blüthenaufbaues zu liefern, habe ich für meine Untersuchungen zur Entwicklungsgeschichte gegriffen. Hiebei bin ich nicht einen eigenen und neuen Weg gegangen, sondern ich bin den Spuren gefolgt, welche mir vorgezeichnet waren durch die schönen Untersuchungen eines Thilo Irmisch, eines Th. Wolf und in nicht zu entrückter Zeit durch die grösseren Arbeiten Pfitzer's.

Dass nun neuere Untersuchungen mich gezwungen haben, an manchen Stellen anders zu berichten als die eben genannten Autoren, so dass ich zuweilen mit den Vorstellungen einzelner in starken Widerspruch gerathe, ist begründet nicht in der Sache selbst, sondern lediglich in der Anwendung einer anderen durch die moderne Technik ermöglichten Untersuchungsmethode.

Um Wiederholungen zu vermeiden, will ich die einzelnen Daten genannter Autoren nicht einzeln berichten, sondern bei gegebener Gelegenheit in der Abhandlung selbst ihrer gedenken.

II. Organanlage und primäre Veränderungen.

Das jüngste Entwickelungsstadium, welches für die diagrammatische Deutung von Cypripedium Calceolus von Belang ist, führt

---

1) Siehe oben.

2) Inwieweit die Anatomie solches zu thun im Stande ist, soll später noch besonders beleuchtet werden.

3) Die anatomischen Verhältnisse finden am Schlusse ihre besondere Behandlung.

uns Fig. *A* vor. Wir sehen, das vier Blattkreise gebildet sind, von welchen zwei dreizählige je einer auf den ersten und auf den zweiten Blattkreis fallen. Vom dritten Blattkreis ist nur ein Glied nachzuweisen, ein vor dem unpaaren Sepalum stehender Höcker A_1, das zungenförmige Staminodium der fertigen Blüte. Es liesse sich vielleicht erwarten, insbesondere wenn man den nächstfolgenden, den vierten Blattkreis betrachtet, dass doch in den jüngsten Stadien die beiden anderen den paarigen Sepalen supponirten Stamina, wenigstens zeitweilig nachzuweisen wären. Allein die grosse Zahl der von mir untersuchten Knospen aller Entwickelungsstadien lässt eine solche Voraussetzung als unzutreffend erscheinen. Von einer Anlage der paarigen Stamina des äusseren Staminalkreises ist bei Cypripedium Calceolus absolut nichts zu sehen und es wäre daher unstatthaft, das Vorhandensein derselben anzunehmen nur auf Grund rein theoretischer Erwägungen hin.

Den noch allenthalben herrschenden Zweifel über das Vorhandensein des dritten Gliedes des inneren Staubblattkreises mögen Fig. *A* und Fig. *B* beseitigen. Wie nämlich genannte Figuren deutlich zeigen, ist der vierte Blattkreis (der zweite Staminalkreis) regelrecht dreizählig gebildet.

Allerdings ist es mit einiger Schwierigkeit verbunden, das dritte Stamen, nämlich das dem Labellum supponirte, klar und deutlich sichtbar zu machen; denn wenn auch die Sepalen und Petalen, oder kurz das Perigon sich noch nicht über das Androeceum und Gynaeceum geschlossen haben, so hindert doch das kapuzenartige Anliegen der Perigonblätter an die inneren Blattkreise den freien Einblick auf dieselben. Es muss daher mit der Präparirnadel sorgfältig das Labellum etwas vorgezogen werden, eine Operation, welche sich mit dem neuen von Zeiss construirten Präparirmikroskop leicht vornehmen lässt. Ist dies geschehen, dann tritt das unpaare, von Irmisch[1]) zuerst, wenn auch allerdings sehr undeutlich gesehene und noch weniger deutlich gezeichnete Stamen a_3 sehr schön zu Tage und man sieht, dass es an Grösse den beiden anderen Staminalanlagen des inneren Kreises in keiner Weise nachsteht, jedenfalls aber stets grösser ist, als die Anlage des unpaaren äusseren Stamens des späteren Staminodiums A_1. Wenn Irmisch loc. cit. sagt: „vor der Spalte zwischen den beiden letzteren (nämlich zwischen den paarigen Carpellen) findet

---

1) Irmisch, Beiträge zur Biologie und Morphologie der Orchideen. Leipzig 1853.

sich ein mit der Basis der Antheren in Verbindung stehender Wulst, als hätte sich auch hier eine Anthere bilden wollen", so hat er vollkommen recht in seinem Zusatze: „als hätte sich auch hier eine Anthere bilden wollen", unrichtig dagegen ist seine Beobachtung, wenn er annimmt, dass dieser Höcker mit der Basis der Antheren in Verbindung stehe; denn dieser Höcker ist mit der Antherenbasis durchaus

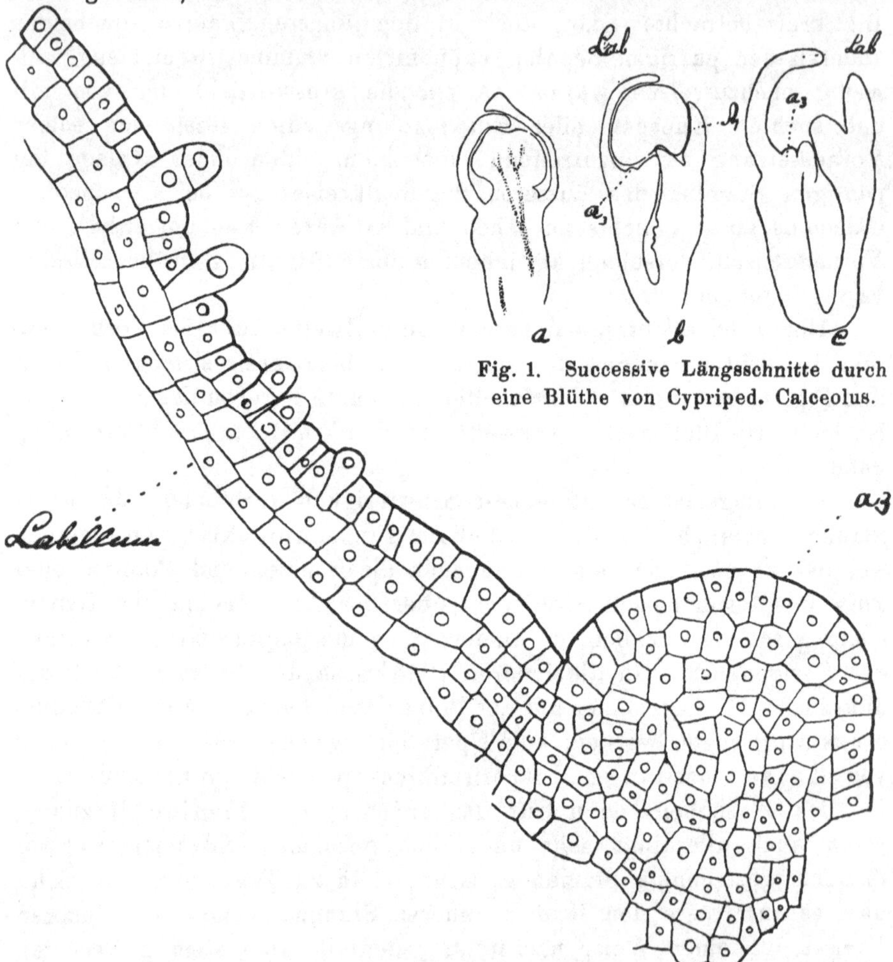

Fig. 1. Successive Längsschnitte durch eine Blüthe von Cypriped. Calceolus.

Fig. 2. Cypriped. Calc., Theil vom Labellum nebst a_3.

nicht verbunden, wird er ja doch, wie Fig. *A* und Fig. *B* zeigen, von den beiden Antheren a_1 und a_2 getrennt durch die bereits etwas ausgehöhlte Blüthenaxe.

Dieser kleine Irrthum von Seiten Irmisch's ist jedoch leicht zu entschuldigen, wenn man bedenkt, dass sein einziges optisches

Instrument nur eine Lupe war und wir müssen seine dennoch relativ sehr genauen Untersuchungen um so mehr bewundern, als wir aus seiner eigenen Feder[1]) die so bescheidenen Worte entnehmen: „Ich wünsche, dass ich bei dieser Erweiterung meines Horizonts nicht allzusehr in das Blaue hineingesehen habe, ist's aber geschehen, dass wenn sie überhaupt von diesen Zeilen Notiz nehmen, die Glücklichen, denen Mikroskope etc. zu Gebote stehen, es mir nicht hoch anrechnen mögen".

Ein weiterer Grund, warum Irmisch nicht mit aller Bestimmtheit für den staminodialen Charakter dieses bis heute nur von ihm allein gesehenen Höckers eingetreten ist und warum er irrthümlich angenommen hat, es stehe dieser Höcker mit der Basis der Antheren in Verbindung, ist wohl der, weil das von ihm untersuchte Stadium ein etwas zu altes war, um die wirklichen Verhältnisse klar und deutlich zu erkennen. Die von Irmisch gegebene Zeichnung 45 identificire ich am leichtesten mit Fig. *C*[2]), welche ein eigenthümliches Ausbreiten der Staminalanlage a_3 in der Richtung nach a_2 und a_1 erkennen lässt, so dass in diesem Stadium nur bei einer Lupenvergrösserung es wirklich den Anschein hat, als wäre a_3 mit der Basis von a_2 und a_1 verwachsen.

Nur solche Stadien, welche die Organanlagen zeigen, können indes entscheidend sein für die Werthigkeit dieses Höckers und als solche mögen die in Fig. *A* und Fig. *B* abgebildeten Blüthenknospen dienen.

Von dem Stadium in Fig. *A* unterscheidet sich wesentlich das Stadium in Fig. *B*. Hier sind die noch nicht mit einander verwachsenen Carpelle, drei an der Zahl (g_1, g_2, g_3), schon deutlich sichtbar, sie sind nicht verschieden in ihrer Grösse, auch herrscht bezüglich ihrer diagrammatischen Deutung kein Zweifel, da sie den äusseren Perigonblättern supponirt sind und mit dem inneren Staminalkreise sehr deutlich alterniren. Die drei inneren Antheren haben in ihrer Entwickelung unter sich ziemlich gleichen Schritt gehalten; wenn auch die dem Labellum supponirte Antherenanlage (a_3) um ein geringes

1) Irmisch, Bemerkungen über die Epipactisarten der deutschen Flora. pag. 453.

2) Einen Längsschnitt durch dieses Stadium zeigt uns Fig. 1*c*, in welcher der Höcker vor dem Labellum nebst diesem median getroffen ist und deutlich erkennen lässt, dass derselbe mit der Axe der Blüte nichts zu thun hat. In Fig. 2 ist der Staminalhöcker vor dem Labellum stärker vergrössert, in histologischer Zeichnung genau wiedergegeben.

kleiner ist als die beiden paarigen (a_1 und a_2), so ist dieselbe doch noch immer grösser als die Anlage des äusseren unpaaren Staminalgliedes A_1.

Soviel über die jüngsten Stadien von Cypripedium Calceolus.

Von hervorragendstem Interesse für die Phylogenie des Genus Cypripedium muss es sein, feststellen zu können, ob und inwieweit die einzelnen Arten dieses Genus sich in der Anlage ihrer Staminalhöckerzahl unterscheiden. Es ist mir nicht vergönnt, eine grössere Anzahl Arten von Cypripedium zu untersuchen und so beschränken sich meine Mittheilungen ausser über Cyprided. Calceolus nur noch auf Cypriped. barbatum.

Ueber jeglichen Zweifel erhaben ist die diagrammatische Deutung der in der fertigen Blüthe vorhandenen Gebilde und es frägt sich nur, inwieweit die existirenden Angaben über die jüngeren Stadien der Cypriped. barbatum-Blüthe übereinstimmen mit den vorliegenden Untersuchungen.

Zunächst in Betracht kommt die Frage, ob bei Cypripedium barbatum die Staminalanlage a_3 je vorhanden ist oder nicht. Hierüber berichtet Pfitzer[1]) auf pag. 160 seiner Arbeit bei Behandlung von Cypriped. longifolium, als auch für Cypriped. barbatum geltend, wie folgt: „die schwache Erhebung auf der andern Seite unterhalb des Labellum kann allenfalls als eine Anlage des unpaaren inneren Staubblattes a_3 gedeutet werden, doch auch ebenso gut zur Achse gehören", sodann wieder auf pag. 162: „ebenso ergibt sich kein Anhaltspunkt für die Annahme, dass das dritte Glied des inneren Staubblattkreises immer angelegt werde — dasselbe ist bisher von Irmisch[2]) nur für Cypriped. Calceolus angegeben".

Diesen Angaben Pfitzer's widersprechen die Resultate meiner Untersuchungen.

In einem jungen Stadium sieht man nämlich gleich wie bei Cypriped. Calceolus das dritte innere Staubblatt angelegt und zwar nicht weniger deutlich als bei jenem. Dass an der ausgebildeten Blüthe von diesem Stamen a_3 nichts mehr zu sehen ist, hat Cypriped. barbatum mit Cypriped. Calceolus gemein.

Der Umstand nun, dass Pfitzer der ganz allgemein gehaltenen

---

1) Pfitzer, Untersuchungen über Bau und Entwickelung der Orchideenblüthe in Pringsheim's Jahrbüchern der wissenschaftlichen Botanik. Band XIX. 1888.

2) Die von Irmisch gegebene Zeichnung ist allerdings nicht dazu angethan, den Glauben an das Vorhandensein des Gliedes a_3 zu festigen.

Mittheilung Wolf's[1]): „ähnlich wie Cypriped. Calceolus entwickelt sich auch Cypriped. barbatum und insigne“ keinen Werth beilegt und auf pag. 159 sagt: „da Wolf diese letzteren nur in sehr weit vorgeschrittenem Stadium sah[2]), so hat diese Bemerkung wenig Bedeutung; ich habe deshalb die genannten Arten, sowie P. longifolium genauer untersucht“, mag es wohl rechtfertigen, wenn ich, um mir über diese Frage klar zu werden, die Untersuchungen über Cypriped. wieder aufgenommen habe.

Nachdem dann im Verlaufe der Untersuchungen der von Irmisch erwähnte Höcker bei Cypriped. Calceolus in den verschiedensten Entwickelungsstadien der Blüthe wiedergefunden war (cf. Fig. *A, B, C*), sollte derselbe auch für Cypriped. barbatum nachweisbar sein, wie ich oben soeben erwähnt habe.

Als neue und höchst interessante Eigenthümlichkeit ist bei Cypriped. barbatum nun zu erwähnen, dass hier nicht wie bei Cypriped. Calceolus nur vier Staminalanlagen in die Erscheinung treten, sondern deren sechs. Diese sechs Staminalanlagen habe ich an mehreren Knospen gezählt, nicht nur an einem Präparate, und bin auch in der Lage, das Vorhandensein aller sechs Staminalanlagen durch ein Dauerpräparat zu erhärten. Gerne hätte ich diese auch an Schnitten gezeigt, allein der Umstand, dass zwei derselben (die beiden den paarigen Sepalen supponirten) im Wachsthum sehr früh hinter den anderen zurückbleiben, erschwert es sehr, dieselben auf Querschnitten sichtbar zu machen; und da man lediglich auf Gewächshausmaterial angewiesen ist und man infolge dessen mit den Untersuchungsobjekten etwas kargen muss, habe ich meine diesbezüglichen Versuche bald aufgegeben. Im Uebrigen dürfte aber eine frei präparirte Knospe, wie sie in Fig. *D* abgebildet ist, diesen Mangel aufheben.

Es hat sich also das empirische Diagramm von Cypriped. barb. insofern verändert, als, wenigstens in der ersten Anlage, alle sechs Stamina des monokotylen Typus vorhanden sind. Fig. *D*.

Die Ansicht Wolf's: „Im Genus Cypriped. haben wir die einfachste Form der Orchideen, in welcher die charakteristische Dreizahl, welche die meisten Monokotylen auszeichnet, in allen Blattkreisen der Blüthe am vollkommensten erhalten“ kann ich nur theilen und

---

1) Beiträge zur Entwickelungsgeschichte der Orchideenblüthe mit besonderer Berücksichtigung der bursicula und des retinaculum, pag. 292.

2) Was übrigens richtig ist, wenigstens gibt Wolf keine jungen Stadien wieder, weder durch Wort, noch Bild.

auf Grund des Vorhandenseins aller sechs Staminalanlagen bei Cypriped. barb. ergänzend hinzufügen: dass das reale Diagramm in Cypriped. barb. dem idealen oder theoretischen vollkommen entspricht. Ueber die Anlage der drei Carpelle gilt für Cypriped. barb. das nämliche, was für Cypriped. Calceolus mitgetheilt wurde.

Wenn ich der beiden Perigonkreise bei Cypriped. Calc. nicht Erwähnung gethan, so geschah es deshalb, um gleichzeitig an dieser Stelle einen kleinen Unterschied zwischen denen von Cypriped. Calc. und denen von Cypriped. barb. anführen zu können.

Während nämlich bei Cypriped. Calc. der äussere Perigonkreis mit dem inneren, wenigstens auf einem sehr jungen Stadium in seinem Wachsthum noch gleichen Schritt hält, hat sich der äussere Perigonkreis von Cypriped. barb. auf einem gleichen Stadium weit mehr entwickelt als der innere, eine Erscheinung, für welche ich keine Erklärung habe und die ich nur mit einer besonderen, der Pflanze eigenthümlichen Wachsthumstendenz in Zusammenhang bringen zu müssen glaube.

Ob nun das Auftreten der diesen Sepalen supponirten Staminalanlagen (A_2, A_3) etwa gerade durch dieses frühe stärkere Wachsthum der äusseren Sepalen ermöglicht wird, dann aber wohl infolge einer sehr früh ausgelösten Druckwirkung (die beiden äusseren Sepalen üben nämlich an ihrer Basis auf diese Weise keinen Druck mehr aus auf die ihnen supponirten Gebilde), darüber enthalte ich mich jeglichen Urtheils und begnüge mich, damit die Thatsachen selbst, die Ontogemie angegeben zu haben.

Dass die beiden äusseren Sepalen schon gleich bei ihrer Anlage mit einander verwachsen (congenitale Verwachsung im eigentlichsten Sinn), führe ich nur der Vollständigkeit halber als auch für Cypriped. barb. geltend an; zum erstenmal hat auf dieses Verhältniss Irmisch[1]) hingewiesen bei Behandlung von Cypriped. Calc.

An dieser Stelle ist es vielleicht angebracht, einer bei allen unseren einheimischen Orchideen auftretenden Erscheinung zu gedenken, jener Erscheinung nämlich, welche sich in der eigenartigen Förderung der einen Blüthenhälfte kundgibt.

Im Folgenden mögen die durch einen Frontalschnitt erhaltenen Theile als Staminal- bezw. Labellumhälfte bezeichnet werden.

Weniger an der fertigen Blüthe als an noch jungen Stadien beobachtet man, dass die Staminalhälfte stärker entwickelt ist als die

---

1) loc. cit.

Labialhälfte, — ein Satz, den man geradezu als für die Orchideenblüthe allgemein giltige Regel aufstellen könnte, wäre nicht die dem Labellum angehörige Hälfte ebenfalls durch ihr hervorragendes Wachsthum ausgezeichnet. Inwieweit diese Ausnahme als wirkliche Ausnahme einer Regel zu betrachten ist und ob dann auch erklärbar, das wird das Weitere zeigen; einstweilen wollen wir das Labellum ausser Acht lassen und nur den Staminalabschnitt betrachten.[1])

Zunächst fällt auf, dass das Staminodium A_1, als dieser Seite angehörig, sich sehr stark entwickelt, während die beiden andern Staminalanlagen des äusseren Kreises (A_2 und A_3) als Gebilde der anderen Hälfte, bei Cypriped. barb. z. B. schon sehr früh verschwinden und bei Cypriped. Calc. selbst gar nicht gebildet werden.

Eine Förderung der Staminodiumhälfte, soweit sie sich auf den äussern Staminalkreis beschränkt, ist somit völlig evident.

Die gleiche Erscheinung tritt uns nun auch beim inneren Staminalkreise entgegen. Nicht nur verschwindet dort das unpaare Stamen a_3 an der Basis des Labellum gänzlich, es zeigen selbst die Pollensäcke der Antherenhälften eine verschieden starke Ausbildung auf beiden Seiten; so nämlich, dass die dem Staminodium zugekehrten Hälften der Antheren stärker entwickelt sind, als die dem Labellum zugekehrten — Verhältnisse, welche sowohl für Cypriped. Calc. als Cypriped. barb. gelten.

Interessant ist es nun zu sehen, wie mit der stärkeren Ausbildung der Pollensäcke auf der Staminalseite auch die Ausbildung des Antherenfilaments Schritt hält, eine Thatsache, deren ich jedoch erst später, bei den secundären Veränderungen des Weiteren gedenken werde. Hier sei nur bemerkt, dass der Auswuchs am Antherenfilament auf der der Staminalhälfte entsprechenden Seite sich stärker entwickelt als auf der andern Seite. Die typische Förderung der Staminalseite ist mit den oben erwähnten Angaben noch nicht erschöpfend behandelt. Betrachtet man nämlich den fünften und letzten Phyllomkreis der Blüthe, dann fällt sofort auf, dass das unpaare Carpell g_1 in seinem Wachsthum den beiden paarigen weit voraus ist. Deutlicher als an der ausgebildeten Blüthe ist dieses Verhältniss an noch jungen Blüthen zu sehen, etwa in einem Entwickelungsstadium, wie es Fig. *C* darstellt. Da nun aber das geförderte unpaare Carpell

1) In diesem Abschnitte sollen nur die Verhältnisse für Cypriped. ihre Berücksichtigung finden; inwieweit das von Cypriped. Gesagte auch für die übrigen Orchideen seine Giltigkeit hat, siehe dort.

der Staminalhälfte angehört, so mag man es entschuldigen, wenn ich oben den Ausdruck „typisch“ gebraucht habe, noch ehe ich alle Typen einseitig geförderten Wachsthums angeführt hatte.

Ich glaube nun auf Grund aller dieser Angaben, welche für eine typische Förderung der Staminalseite sprechen, mich zur Annahme berechtigt, es bilde das Labellum, als ein dieser gegenüberliegenden Seite angehöriges Gebilde, durch seine Förderung im Wachsthum eine Ausnahme von der sonstigen Erscheinung: dass in der Familie der Orchideen in der Regel die auf die Staminalseite fallenden Blüthentheile sich stärker entwickeln als die Theile der Labellumhälfte.

Es tritt, nachdem wir die stärkere Ausbildung der Staminalhälfte als bei unseren einheimischen Orchideen herrschende Grundregel erkannt haben, die Frage an uns heran, was denn als Ursache dieses auffälligen Abweichens des Labellum von der Regel anzusehen sei, eine Frage, an deren Beantwortung ich mich nicht heranwagen kann, und ich überlasse dieses Thema auch gerne solchen, die dazu mehr berufen sind. Es sei mir jedoch gestattet, eine diesbezügliche Vermuthung hier auszusprechen.

Die Thatsache, dass bei den monokotylen Pflanzen an der Blüthenaxe in normaler Weise ein Vorblatt der eigentlichen Blüthe vorausgeht, ist ebenso bekannt, wie die Thatsache, dass dieses Vorblatt der Orchideenblüthe stets fehlt, ein Umstand, welcher uns die Vermuthung vielleicht nahe rückt, es möchte die starke Ausbildung des Labellums als ein der gleichen Seite angehöriges Organ wie das „hier fehlende“ Vorblatt, mit dem gänzlichen Fehlschlagen dieses Vorblattes in Correlation stehen.[1]) Oder wäre es nicht denkbar, dass die zur Bildung eines Vorblattes nicht gebrauchten, trotzdem aber vorräthigen Baustoffe zur stärkeren Ausbildung eines anderen Organs

---

1) Von gewissem Interesse dürfte es sein, sich zu erinnern, dass in mehreren Familien der monokotylen Pflanzen ähnliche Verhältnisse sich wiederfinden lassen. Ich erwähne nur die Musaceen und Pontederiaceen. Während bei den ersteren, z. B. bei Musa das innere, dem Labellum der Orchideen äquivalente unpaare Petalum ähnlich wie bei diesen von den übrigen Petalen und Sepalen sich sehr bedeutend unterscheidet (es ist weit kürzer als die übrigen fünf Perigonblätter, übertrifft diese jedoch bedeutend in seiner horizontalen Ausdehnung und ist nicht wie diese, welche alle unter sich eine Röhre bildend, miteinander verwachsen sind, mit einem andern Organ verwachsen, sondern erhebt sich völlig frei von der Blüthenaxe) ist bei Pontederia das unpaare innere Petalum zwar wohl von den übrigen durch stärkere Ausbildung verschieden, hat aber, um einen Anthropismus zu gebrauchen, aus dem Aplast des Vorblattes keinen so grossen Nutzen gezogen wie das Labellum von Musa.

(des Labellum) Verwendung gefunden und zwar unter möglichster Ausnützung des vorhandenen freien Raumes? In dieser Vermuthung möchte man sich bestärkt fühlen, wenn man bedenkt, dass das Labellum genau über das sonst ausgebildete Vorblatt zu stehen kommt.

III. Secundäre und tertiäre Veränderungen.

Unter dieser Aufschrift möchte ich einige Erscheinungen behandeln, welche im Verlaufe der Weiterentwicklung von Cypriped. theils mehr, theils weniger zu Tage treten.[1]) Ich sehe dabei gänzlich ab von jenen Erscheinungen, welche man in einem ganz jungen Stadium beobachtet, in einem Stadium, wo die Organanlage stattfindet, sowie die ersten, fast gleichzeitig damit verbundenen Veränderungen (primäre Veränderungen) vor sich gehen, wie: Verwachsung der beiden äusseren Perigonblätter, Förderung der Staminalhälfte, Rudimentärwerden der verschiedenen Antherenanlagen; ich will hier vielmehr nur jener Erscheinungen gedenken, welche auftreten, nachdem sämmtliche Organe in ihrer definitiven Zahl gebildet sind und durch ihre Gestalt und Stellung zu einander sich leicht als diese oder jene Organe erkennen lassen. Ich beginne mit unserem einheimischen Frauenschuh, Cypriped. Calceolus L.

Nachdem die jungen Blüthen gleichsam ihr embryonales Stadium überstanden haben, sehen wir zunächst auf dem Rücken des Antherenfilaments beider Antheren eine Böschung auftreten, welche schon sehr früh auf der dem Staminodium zugekehrten Seite stärker zu Tage tritt als auf der gegenüberliegenden Seite und in seiner Entwickelung allmählich ganz auf diese Seite zu stehen kommt. Fig. *E (h)*.

Wie Abbildungen älterer Stadien erkennen lassen, sind diese Höcker die beiden Oehrchen, welche man an der ausgebildeten Anthere über dieselbe hinausragen sieht. Fig. P_1 *(h)*, P_2 *(h-h)*.

Ueber die Werthigkeit dieser Höcker herrscht kein Zweifel, es wäre vollkommen falsch, wollte man diesen etwa staminodialen Charakter beimessen, eine Ansicht, die ich zwar in der Litteratur nicht getroffen habe, auf die man aber immerhin kommen könnte,[2]) wenn man nur das Gynostemium der fertigen Blüthe betrachtet

---

1) Die Litteratur hat darauf bis jetzt so gut wie gar nicht Rücksicht genommen.

2) Hat man sich ja auch nicht gescheut, das Clinandrium von Listera (Wolf), sowie die Auriculae der einheimischen Orchideen als staminodiale Gebilde zu bezeichnen.

Fig. P_1 u. P_2. Selbst jüngere Stadien könnten täuschen, so z. B. ein Stadium, wie es Fig. *F (h)* wiedergibt.

Die hier abgebildete Knospe ist schon sehr gross, alle Theile sind an ihr beinahe fertig ausgebildet, nur die später über die Antheren hinausragenden Oehrchen sind noch an deren Basis verblieben *(h)*, wo sie, wie schon bemerkt, ein täuschend ähnliches Aussehen mit Staminalhöckern besitzen. Die Entwickelungsgeschichte beweist jedoch, dass diese Höcker nichts anderes als ein Auswachsen des Antherenfilaments bedeuten.

Die Bemerkung Irmisch's:[1]) „auf dem Rücken der Antheren bildet sich auf der nach dem Staminodium zugekehrten Seite ein Höcker, der dann erst später auswächst und dadurch die ursprüngliche senkrechte Stellung der Antheren in eine nach dem Labellum zugeneigte verändert und endlich die Anthere überragt," ist nur zum Theil richtig und ich sehe mich daher veranlasst, diese Worte durch eine Abbildung zu erläutern, zumal da Irmisch eine solche nicht gegeben hat und die Pfitzer'sche Zeichnung auf Tafel III Fig. 10 nach einer viel zu alten Blütenknospe entworfen ist, um einen Schluss ziehen zu können über die Werthigkeit und Bedeutung dieses Höckers. Vergl. Abbildungen Fig. *F (h)* u. Fig. *Q (h)*.

Ich sagte, die Bemerkung Irmisch's sei nur zum Theil richtig; sie ist richtig, insofern als sie das Vorhandensein und die spätere Entwickelung des Höckers überhaupt konstatirt, unrichtig dagegen ist Irmisch's Ansicht, wenn er meint: „und dadurch die ursprüngliche senkrechte Stellung der Anthere in eine gegen das Labellum zu geneigte verändert".

Wie die Entwickelungsgeschichte nämlich lehrt, ist die Anthere schon sehr früh gegen das Labellum zu geneigt, ja schon zu einer Zeit, wo von den Höckern noch nichts zu sehen ist.

Dieses Hinneigen der Antheren zum Labellum kann also nicht von den Höckern veranlasst werden, und es ist die eigentliche Veranlassung eine ganz andere — das stärkere Wachsthum der dem Staminodium zugekehrten Antherenhälfte. Die beiden Hälften eines Staubblattes sind nämlich keineswegs gleich gross, was auch schon Irmisch bemerkt hat, sondern unterscheiden sich ziemlich namhaft, so dass die dem Staminodium zugekehrte Seite grösser ist als die dem Labellum zugewandte. Das über den Höcker an der Anthere erwähnte kurz zusammenfassend, komme ich zu dem Resultate, dass

---

1) loc. cit.

Irmisch sich in der Deutung der Function dieses Höckers getäuscht hat (vergl. Citate), eben so sehr aber auch Pfitzer, der die schon oben einmal erwähnte Fig. 10 auf Tafel III von Cypriped. insigne[1]) mit den Worten interpretirt: „Fig. 10 zeigt den Beginn der Umbiegung nach der labioscopen Seite", welche Zeichnung aber als Bestätigung der Ansicht Irmisch's angesehen werden muss.

Bleiben wir dabei, dass nicht der Höcker des Antherenfilaments die Anthere gegen das Labellum hinbiegt, sondern die durch stärker gefördertes Wachsthum ausgezeichnete, der Staminalhälfte angehörige Seite der Anthere selbst uud zwar schon in einem sehr frühen Stadium und nicht, wie Pfitzer für Cypriped. longifolium angibt: „erst verhältnissmässig spät beginnt dann die Umkrümmung der Anthere etc."

Die Thatsache, dass die beiden Antherenhälften von ungleicher Grösse sind, erwähnt Pfitzer nicht, und ist auch aus seinen Abbildungen diesbezüglich nichts zu erschliessen.

Als eine der wichtigsten secundären Veränderungen an der Blüthe von Cypriped. Calc. betrachte ich die weitere Ausbildung des unfruchtbaren Staubblattes des Staminodiums (A_1).

Sieht man sich das Staminodium der fertigen Blüthe an, so erscheint dasselbe auf den ersten Blick als einfache Zunge, welche durch Grösse und mehr petaloides Aussehen sehr auffallend von den fertilen Antheren sich auszeichnet. Bei näherem Zusehen erkennt man auch leicht die mittlere, ziemlich starke Rinne oder vielleicht besser gesagt, langgezogene Hautfalte, Fig. *G*. Vergebens habe ich mich nun bemüht, in der Litteratur vollständige und eigentlich entwickelungsgeschichtliche Darstellungen dieses so merkwürdigen Organs zu finden. Ausser zwei sehr unvollkommenen Abbildungen des Gynostemiums, Figuren 33 und 34 in Wolf's noch mehrfach zu erwähnenden Arbeit nebst einem sehr schematisch gezeichneten Querschnitt des Staminodiums von Cypriped. Calc., fand ich neben vier Lupenbildern von Irmisch nur noch in der Pfitzer'schen Arbeit einige Abbildungen des Staminodiums, so z. B. als seitliche Ansicht in Fig. 10 Tafel III, ferner in der weniger instructiven Abbildung einer halbirten Knospe in Fig. 8, wiederum als seitliche Ansicht in Fig. 11, welche das Gynostemium von P. longifolium darstellt, sowie im Querschnitt getroffen auf Fig. 6, 7 und 9 von derselben Pflanze.

Alle diese genannten Abbildungen sind jedoch nicht im Stande,

1) Für Cypriped. insigne gilt natürlich, den Höcker am Filament betr., das gleiche, wie für Cypriped. Calc. und Cypriped. barb.

uns ein klares Verständniss des Staminodiums zu verschaffen; denn von ihrer Genauigkeit gänzlich abgesehen, stammen die reproduzirten Schnitte entweder von zu jungen oder von zu alten Stadien ab. Zu junge Stadien oder in ihrer Wiedergabe zu ungenau treffen wir bei den Lupenabbildungen von Irmisch, durchweg zu alt dagegen waren die Staminodien, nach welchen die oben citirten Figuren Wolf's und Pfitzer's gezeichnet sind.

Vergleicht man, zur eigentlichen Entwickelungsgeschichte des Staminodiums selbst schreitend, die in Fig. *A* und *B* abgebildeten Stadien mit dem Stadium in Fig. *H*[1]), dann sieht man, wie das zuerst den Antherenanlagen fast gleichgrosse Gebilde A_1 in seinem Wachsthum diesen gegenüber zurückgeblieben ist. Nicht nur ist es nicht wie die Antheren ziemlich stark in die Länge gewachsen, es ist auch in seiner Volumzunahme unbedeutend geblieben, so dass der anfängliche Höcker A_1 jetzt, mit den dicken und wulstigen Antheren verglichen, nur noch als zungenförmiges Plättchen in die Erscheinung tritt.

Fragen wir, warum dieser Höcker, die Staminalanlage A_1 nicht wie die beiden anderen sich zu einem fertilen Stamen gebildet hat, dann können wir wohl nur sagen, dass das Nichtfertilwerden von A_1 in der eigenartig phylogenetischen Entwickelung von Cypriped. begründet ist. Was aber diesen phylogenetischen Grundplan verursacht hat, das besagt kein Präparat und muss darüber irgend eine Hypothese sich aussprechen, wenn anders diese Frage überhaupt eine Beantwortung erhalten kann.

Von der hohen Bedeutung[2]), welche der Entwickelungsgeschichte für die Lösung dieser Frage zukommt, völlig überzeugt, war es mir nicht nur möglich geworden, das Werden und Vergehen der einzelnen die Cypripediumblüthe aufbauenden Organe zu beobachten, ich kam auch bald dahin, auf die verschiedensten Correlationen der sich bildenden Organe untereinander aufmerksam zu werden. Eine solche Correlation herrscht zweifelsohne zwischen dem vorhin erwähnten Staminodium und den beiden fertilen Stamina. Ist es auch unmöglich zu eruiren, weshalb das Staminodium A_1 nicht fertil wird, so können wir doch wenigstens verstehen lernen, warum das Staminodium die ihm eigene Gestalt erhält. Wenn das Staminodium bei seinem ersten Auftreten, wie wir oben gesehen, in seiner Gestalt von den später fertilen Stamina nicht verschieden war, so hat es jetzt eine

---

1) Das Perigon und eine Anthere ist absichtlich weggelassen.

2) Hierüber siehe Goebel: Vergleichende Entwickelungsgeschichte der Pflanzenorgane in Schenk, Handbuch der Botanik III. 1, pag. 99.

zungenförmige Gestalt angenommen. Auf die Frage nach dem Warum weise ich hin auf die Gestalt der beiden fertilen Stamina. Während nämlich die beiden fruchtbaren Antheren durch ihr rasches und starkes Wachsthum (infolge der Pollenbildung) auf die innere Front

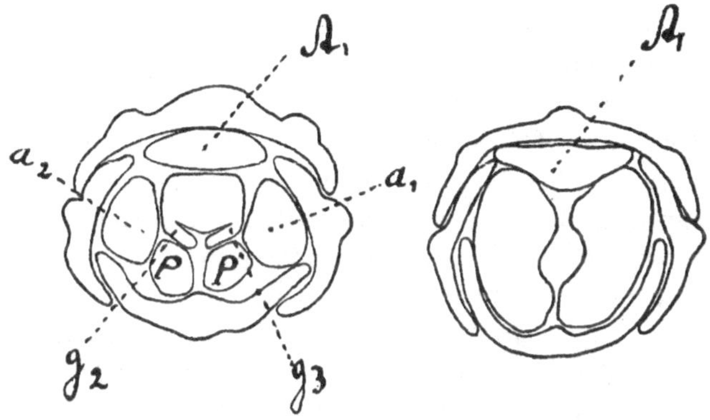

Fig. a. Fig. b.

Fig. 3. Querschnitte durch eine Blüthe von Cypriped. Calc. (b) höher, (a) tiefer gehender Schnitt. Zwei äussere Sepalen sind nicht gezeichnet.

des Staminodiums und zwar auf dessen ganze Länge als Wachsthumshemmniss wirkend einen ziemlich starken Druck ausüben, wird dieses gleichsam gequetscht und flach gedrückt; es wird aus dem ursprünglich

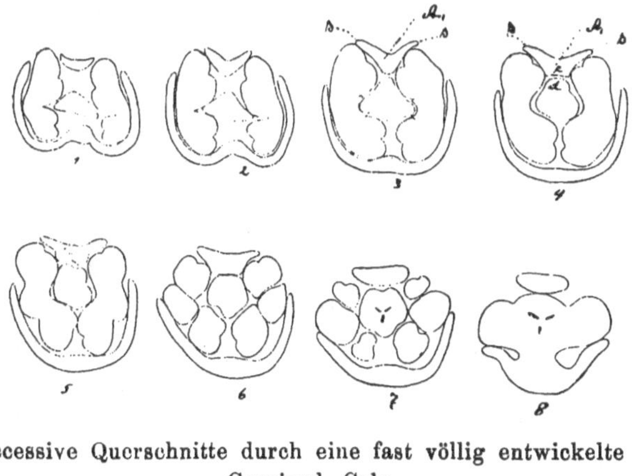

Fig. 4. Successive Querschnitte durch eine fast völlig entwickelte Blüthe von Cypriped. Calc.

lich rundlichen und mehr cylindrischen Gebilde infolge einseitig gehemmten Wachsthums zunächst ein flaches und einfaches Plättchen. Da nun aber dieses von innen her sich bethätigende Wachsthumshemmniss infolge der sich noch immer mehr entwickelnden Antheren, gegen dieses schwächere Gebilde zu wirken noch nicht aufhört, und sich sogar eine Zeit lang zu mehren scheint, zeigt sich an einer frei präparirten Knospe die Aussenseite des Staminodiums als mehr weniger convexe Wölbung, welche Wölbung der Concavität auf der Staminodiuminnenseite entspricht. Fig. *H*, Fig. 1*b* und der Querschnitt in Fig. 3*b* geben diese Verhältnisse wieder.

In jenem Stadium, welches Fig. 4[1]) wiedergibt, hat das Staminodium seine definitive Gestalt erreicht. Es haben sich die auf dem Querschnitt wie zwei Hörner erscheinenden Seiten *s* (rechte und linke) des Staminodiums nicht nur bedeutend stärker gebuchtet (infolge des noch stets anhaltenden Druckes von Seiten der Antheren), auch die Mitte des Staminodiums hat sich verändert, so nämlich, dass der nach dem Knospencentrum zugekehrte Teil *(c)* des Staminodiums nun ebenfalls concav gebuchtet erscheint (ich habe natürlich wieder den Querschnitt im Auge). Betrachtet man den Querschnitt einer sehr weit vorgeschrittenen Blüthe (Fig. 4_4), dann sieht man, dass der Stylus genau in diese Einbuchtung des Staminodiums hineinpasst.

Die Frage, ob nicht auch der Stylus *(d)* Gestalt verändernd auf das Staminodium gewirkt habe, ähnlich wie die Antheren, liegt nicht allzu ferne und ist man auch wirklich zuerst dazu geneigt, eine solche Gestalt verändernde Wirkung des Stylus anzunehmen. Um nun darüber entscheiden zu können, müssen wir uns erinnern, dass das Staminodium an den von den Antheren nicht gedrückten Stellen, d. h. in seiner Mitte aus bedeutend mehr Zellschichten besteht, als an seinen beiden Seiten. Die Consistenz der Staminodiummitte wird also auch eine andere sein, d. h. eine mehr massige als an den beiden Seiten. Dies bringt es mit sich, dass man sich zur Annahme einer ursprünglichen Correlation zwischen der Staminodiuminnenseite und dem Stylus veranlasst fühlt, besonders auch dann, wenn man in Mittelstadien und in Aufblühestadien den Stylus in ein der oben erwähnten massigeren Consistenz entsprechendes Gebilde, gleichsam wie in einer Rinne liegend, eingebettet sieht. (Fig. 4_4 *d.*) Allein der Vergleich mit jüngeren Stadien frei präparirter Knospen zeigt, dass eine solche Annahme irrig wäre. Denn man kann deutlich sehen, dass die das Staminodium auf seiner Innenseite durch dessen Mitte durchlaufende Zone consistenzreicheren Gewebes sich rinnenförmig vertieft, noch ehe der Stylus mit diesem in Contact getreten ist. (Fig. *H) (r)*. Später wird jedoch dieser Contact durch beschleunigtes Wachsthum des

1) Fig. 4 successive Querschnitte 1—8.

Stylus hergestellt und es erscheint mir daher nicht als sehr unwahrscheinlich, dass die weitere Ausbildung der Staminodiuminnenseite bezüglich ihrer Mittelrinne vom Stylus dann doch noch mehr weniger beeinflusst werde, insofern nämlich, als durch gegenseitigen Contact die Rinne erhalten bleibt, während die dieselbe begrenzenden Theile des Staminodiums, weil vom Rücken des Stylus nicht beeinflusst, ungehindert weiter zu wachsen vermögen.

Nach all dem Gesagten ist also die eigenthümliche Gestalt des mit einer Mittelrinne versehenen, zungenförmigen und geflügelten Staminodiums als das Endprodukt mehrerer unter einander in Correlation stehender Wachsthumserscheinungen zu betrachten.

Wie sich die Antheren im Verlaufe ihrer Weiterentwickelung gestaltlich verändern, will ich nicht näher beschreiben; die verschiedenen Querschnitte, sowie der Vergleich der einzelnen Figuren, in welchen die Antheren zu sehen sind, mögen genügen. Nur darauf will ich hinweisen, dass die Basis der kleineren vorderen Antherenhälfte tiefer zu liegen kommt als die Basis der dem Staminodium anliegenden grösseren Hälfte.[1])

Wenn mir bei dieser Betrachtung die Pfitzer'sche Fig. 7 etwas auffällig erscheint, so hat das seinen Grund darin, dass es mir nicht gelungen ist, einen gleichen Querschnitt zu erhalten, wie ihn Pfitzer in genannter Figur abbildet. Überall musste ich bedeutend tiefer schneiden, um die Carpelle g_2, g_3 als bis zum Labellum hinreichende Gebilde zu erhalten. Dann aber ist zwischen denselben kein so grosser Zwischenraum zu sehen wie ihn Pfitzer in seiner Abbildung wiedergibt und es erscheinen die beiden Carpelle auf dem Querschnitt niemals grösser als die jungen Filamente der Antheren. Sollte Pfitzer nicht vielleicht den Querschnitt gesehen haben, wie ihn meine Fig. 3*a* wiedergibt und infolge seines etwas zu dicken Schnittes die beiden den Antheren angehörigen Theile *P* als mit den Carpellspitzen g_2 und g_3[2]) zusammenhängende Gebilde betrachtet haben? Der Umstand, dass genannter Autor keinen Querschnitt gegeben, wie ihn meine Zeichnung in Fig. 3*a* u. Fig. 4 darstellt, wo man diese beiden den Antheren angehörigen Theile *(P)* vom Filament getrennt sieht, musste mich in dem oben ausgesprochenen Zweifel bestärken.

1) Der Querschnitt durch eine ganze Blüthe gibt dieses Verhältniss nicht ganz genau wieder, da die Antheren gegen das Labellum geneigt sind und die Schnitte durch die Antheren schief gehen mussten. Man vergleiche daher die Antheren frei präparirter Knospen.

2) Selbst bei meinen Mikrotompräparaten nur schwach zu sehen.

Ueber den Stylus von Cypriped. Calc. braucht in morphologischer Hinsicht wenig gesagt zu werden. Die anfänglich getrennten Carpellspitzen verwachsen im Verlaufe ihrer Entwickelung mit einander und sind im ausgebildeten Stylus nur noch an den Commissuren als verschiedene Phyllome zu erkennen. Die Art der Verwachsung selbst ist aus den beigegebenen Abbildungen sehr gut zu ersehen. Fig. *B*, *C*, *H*, *J*.

Es würde mir nur noch erübrigen, einiges über das eigenthümlich ausgebildete Labellum — den Schuh — zu erwähnen, ich ziehe es aber vor, um Wiederholungen zu vermeiden, dies erst bei Gelegenheit der diesbezüglichen Erörterungen über Cypriped. barbatum zu thun.

Nachdem wir nun Cypriped. Calc. in seiner Entwickelung ziemlich vollkommen kennen gelernt, kehren wir zurück zu Cypriped. barb.

Wir haben Cypriped. barb. verlassen auf einem Stadium, wie es die Fig. *D* zeigte. Weiter oben habe ich auch schon angegeben, welche von den in genannter Fig. *D* angeführten Organen bleiben und welche verschwinden und ich will hier nur einiges über den Stylus noch beifügen. Die Anlage des Stylus ist die gleiche wie bei Cypriped. Calc.; die ihn von dem Stylus des letzten unterscheidenden Merkmale sind an der fertigen Blüthe von keiner grossen Bedeutung.

Am meisten unterscheidet sich der Stylus von Cypriped. barb. dadurch, dass er nicht wie bei Cypriped. Calc. lang gestreckt und mit seinem Rücken in eine Falte oder Rinne des Staminodiums eingelagert erscheint, sondern mehr kurz bleibt und seine unpaare Carpellspitze mehr in die Breite als in die Länge entwickelt. Auch sind die Commissuren der drei verwachsenen Carpelle hier sehr viel deutlicher sichtbar als bei Cypriped. Calc., wo dieselben fast ganz verschwinden.

Mehr als durch den Stylus sind jedoch Cypriped. Calc. und Cypriped. barb. von einander verschieden durch das Staminodium einestheils und durch das Labellum oder den Schuh anderntheils.

In dem kleinen Abschnitte über die Förderung der einen Blüthenhälfte habe ich die Thatsache erwähnt, dass die der Staminodiumseite anliegende Hälfte der Anthere sich stärker entwickle als die gegen das Labellum hin gelegene; ich habe dann auch für Cypriped. Calc. gezeigt, wie das Staminodium in seiner weiteren Entwickelung von den Antheren beeinflusst wird.

Prüfen wir nun auch, ob und wie eine solche Beeinflussung des Staminodiums bei Cypriped. barb. statthabe.

Eine Blüthe von Cypriped. barb. in noch ganz jugendlichem

Alter zeigt in der Ausbildung seines Staminodiums keinen Unterschied mit derjenigen von Cypriped. Calc. Sehr bald jedoch, schon in einem Stadium, wie es Fig. *K* zeigt, ist eine Verschiedenheit zwischen den Staminodien beider genannten Cypripedien wahrzunehmen. Während nämlich das Staminodium von Cypriped. Calc. selbst in sehr alten Blüthenknospen ein gerades, aufrechtes Plättchen darstellt, ist dasselbe hier bei Cypriped. barb. schon früh etwas mit seiner Spitze gegen die Antheren hinübergebogen. Fig. *K*. Mit Ausnahme dieser kleinen Krümmung des Staminodiums ist dasselbe dem von Cypriped. Calc. gleich, selbst die mittlere Zone consistenzreicheren [1]) Gewebes *(r)* wird nicht vermisst. Dass die Antheren auf ihrer vorderen und hinteren Seite die bekannten Wachsthumsdifferenzen schon in diesem Stadium zeigen, braucht auf Grund des Vorangegangenen nicht besonders erörtert zu werden.

Betrachtet man nun ein etwas älteres Stadium, etwa das in Fig. L_1, L_2, dann sieht man, dass die beiden Antheren sich sehr stark entwickelt haben. Während jedoch bei Cypriped. Calc. die hintere Antherenhälfte nicht mehr als um ca. $^1/_{12}$ grösser ist als die vordere Hälfte, hat sich die hintere Hälfte der Anthere von Cypriped. barb. sogar um ca. $^1/_4$ mehr vergrössert als die vordere Hälfte,[2]) ein Umstand, welcher nicht ohne Folgen bleiben konnte für das ihnen angrenzende Organ, das Staminodium.

So sehen wir denn, dass, während bei Cypriped. Calc. die Antheren durch ihr schnelleres und stärkeres Wachsthum zwar wohl eine gestaltverändernde Wirkung auf das Staminodium auszuüben vermochten [3]), hier bei Cypriped. barb. die ungewöhnlich starken hinteren Hälften der Antheren auf das Staminodium einen noch weit grösseren Druck ausüben, dermaassen, dass eine dementsprechend grössere Gestaltveränderung wohl zu erwarten ist. Und so sehen wir denn auch, wie die hintere Seite der Antheren durch ihr rasches Weiterwachsen gegen das Staminodium drückt, so dass die Concavität der den Stamina anliegenden Theile desselben eine sehr beträchtliche wird und sich das Staminodium als beiderseits geflügeltes Gebilde darstellt.

In Fig. L_2 sieht man, wie die drei Theile des Staminodiums (der Rücken *(r)* und die beiden Flügel *(f)*) noch gleich stark entwickelt

---

1) Ueber das Zustandekommen desselben siehe bei Cypriped. Calc.

2) Diese Verhältnisse erhält man aus dem Vergleich von Fig. *E*, Fig. L_1, Fig. L_2.

3) Siehe dort.

sind, in Fig. *M* dagegen kann man beobachten, wie der mittlere[1]) Theil des Staminodiums *(r)* hinter den Flügeln *(f)* zurückbleibt, um in seiner vollendetsten Gestalt (Fig. *N* u. *O*) nur noch als kleiner Vorsprung in der Mitte des halbmondförmigen Staminodiums in die Erscheinung zu treten.

Was nun das Zurückbleiben der mittleren Partie des Staminodiums *(r)* oder aber auch die stärkere Entwickelung seiner beiden Seiten *(ff)* veranlasst, vermag ich nicht zu sagen. Am naheliegendsten erscheint mir jedoch als Erklärung für dieses Verhalten anzunehmen, es sei das stärkere Wachsthum der Flügel bewirkt durch einen infolge des oben erwähnten, von den hinteren Antherenhälften ausgeübten Druckes auf diese Flügel einmal erzeugten Reiz. Verfolgt man die Entwickelung des nun geflügelten Staminodiums weiter, dann beobachtet man, wie dasselbe an seiner Basis[2]) und nicht etwa an seinem kurzen Stiel durch veränderte Wachsthumsrichtung in Bälde eine zu letzterem fast rechtwinklige Lage einnimmt. Das anhaltend starke Wachsthum dieser Blattbasis, besonders an deren Seiten, bringt es einestheils mit sich, dass das Staminodium nun auch an seiner Basis zweitheilig erscheint wie der geflügelte Theil der Staminodiumspitze, anderntheils aber auch, dass das Staminodium weit über die Antheren und den Stylus als das Gynostemium dachartig überdeckendes Gebilde hinausragt (Fig. *N, O, (P_1 u. P_2), Q*).[3])

Zum Schlusse der entwickelungsgeschichtlichen Angaben über Cypriped. barb. will ich noch des auffälligen und bei den verschiedenen Cypripediumarten verschieden ausgebildeten Labellums gedenken. Wenn auch in seiner Form ziemlich einfach, so ist das Labellum oder der „Schuh" bei Cypriped. barb. doch so eigenthümlich ausgebildet, dass es mir einigermaassen schwer fällt, denselben mit Worten genau zu beschreiben. Eine getreue und gute Abbildung, wie sie Fig. *Q* wiedergibt, enthebt mich jedoch dieser Sorge und ich verweise um so lieber auf die genannte Abbildung, als dieselbe mit sehr grossem Verständniss und vollständig richtiger Auffassung von kunstgeübter Hand entworfen wurde.[4])

---

1) Dass dieser mittlere Theil dem consistenzreicheren Gewebe der späteren Mittelrinne bei Cypriped. Calc. entspricht, zeigt die Entwickelungsgeschichte und kann aus dem Vergleich der Fig. *H, K*, L_2 leicht ersehen werden.

2) Der Ausdruck „Blattbasis" dürfte hier wohl anwendbar sein.

3) Das etwas nach oben gekrümmt erscheinende Zähnchen *B* erklärt sich nach dem oben Gesagten leicht als die von der Blattbasis überwachsene Spitze des Staminodiumstieles.

4) Diese schöne Zeichnung verdanke ich der Güte des Herrn Assistenten Dunzinger.

Das Auffallende an dem Schuh von Cypriped. barb. und zugleich das denselben von demjenigen unseres einheimischen Cypripedium Unterscheidende bildet die besonders ausgebildete Basis desselben. Während nämlich Cypriped. Calc. in der Ausbildung seines Schuhes sich an die einfachste und ursprünglichste [1]) Form gehalten hat, treffen wir bei Cypriped. barb. auf eine Complication der Verhältnisse.

Von einer Complication kann man mit um so mehr Recht sprechen, als die Entwickelungsgeschichte nachweist, dass der Schuh von Cypriped. barb. auf einem jüngeren[2]) Stadium die gleiche Gestalt (Kapuze) besass, wie sie der Schuh von Cypriped. Calc. auch in seiner vollen Entwickelung noch beibehalten hat. Von der einfachen Kapuzenform ausgehend, gelangt man in seiner Vorstellung zu der eigenthümlichen Gestalt des Schuhes von Cypriped. barb. dann, wenn man sich die Seitenränder der Kapuze nach innen so umgelegt denkt, dass sich der dadurch entstandene Saum als beiderseits nach dem aufgeblasenen Kapuzenende ziemlich weit hinragendes Gebilde darstellt. Der Unterschied zwischen dem Schuh[3]) der beiden abgehandelten Cypripedien fällt auch dem nicht näher Eingeweihten sofort auf, und die Frage, warum sich uns bei Cypriped. Calc. der Schuh in bedeutend einfacherer Form zeigt als bei Cypriped. barb. wird auch derjenige stellen, welchem von den Correlationen der im Wachsthum befindlichen Organe nichts bekannt ist. Dass nun solche Correlationen unter den sich bildenden Organen einer Cypripediumblüthe statthaben, glaube ich mehrfach nachgewiesen zu haben und will nur noch kurz einer interessanten und letzten Correlation gedenken.

Wir haben gesehen, dass das petaloid sich entwickelnde Staminodium bei Cypriped. Calc. ein ganz anderes ist als bei Cypriped. barb. Während es dort als ziemlich lange und gerade Zunge bei der noch nicht ausgebildeten Blüthe in keinerlei Contact mit den Seitenrändern der Kapuze steht, sehen wir dasselbe bei Cypriped. barb. als gabelförmiges Gebilde mit seinen beiden „Gabeln", „Hörnern" oder „Flügeln" — auf die Benennung kommt es nicht an — der

---

1) Wir müssen uns erinnern, dass sich der Schuh oder das Labellum bei seinem ersten Auftreten kapuzenförmig über die inneren Phyllome gelegt hatte.

2) Mit diesem jüngeren Stadium meine ich nicht etwa das Stadium der Organanlage — für dasselbe ist das oben Gesagte selbstverständlich — sondern ein Stadium, in welchem alle Organe der Blüthe entwickelt sind und sich nur in Bezug auf ihre definitive Gestalt späterhin noch zu verändern vermögen.

3) Der Vergleich mit einer Kapuze dürfte besser sein als der Vergleich mit einem Schuh.

Basis des Schuhes so aufgelagert, dass es derselben direct unmöglich gemacht ist, sich in der gleichen Weise zu entwickeln, wie der von dem Staminodium in seinem Wachsthum völlig ungehinderte Theil der Schuhspitze. Ja es werden vielmehr dadurch, dass die beiden Seiten des Staminodiums als feste und harte Gebilde für das freie Wachsthum der beiden Seiten der Schuhbasis ein bedeutendes Hemmniss darstellen, dieselben nicht nur verhindert, sich frei nach oben zu entwickeln, sondern geradezu gezwungen, in die Tiefe des Schuhes zu gehen.

Wir erhalten ein Gebilde, wie es Fig. *N* darstellt. Vergleicht man mit dieser Figur die nächstfolgende, Fig. *O*, dann sieht man, dass das mit i_2 bezeichnete Stück, als Theilstück von i infolge intercalaren Wachsthums sich zwar ziemlich verlängert hat, jedoch immer noch in seinem Wachsthum vom Staminodium in der vorhin angeführten Weise beeinflusst ist. Darüber, dass auch an der fertigen Blüthe, wo von einem activen Druck des Staminodiums oder wenn man will, von einem durch dasselbe bedingten Hemmniss im Wachsthum nichts zu sehen ist, der oben angeführte Saum seine in einem jüngeren Stadium erhaltene Lage und Gestalt nicht wesentlich verändert hat, wird man sich nicht verwundern, wenn man in einem relativ alten Stadium, wie es Fig. *O* wiedergibt, die Wirkung des Staminodiums noch so deutlich beobachten konnte.

IV. Anatomisches.

Wenn ich mich nun zum anatomischen Theile von Cypriped. wende, so geschieht dies, nicht weil ich neues zu berichten im Stande bin, sondern lediglich darum, weil die Cypripediumblüthe in dieser Richtung schon ihre gründliche Bearbeitung gefunden und zwar durch den bekanntesten französischen Anatom Van Tieghem selbst.

Ich erwähne die Van Tieghem'sche Arbeit deshalb, um einestheils auf einen prinzipiellen Unterschied hinzuweisen, welcher besteht zwischen den Anschauungen des strengen Anatomen und den Anhängern der Entwickelungsgeschichte, anderntheils um zu zeigen, und zwar an der Hand der Entwickelungsgeschichte von Cypriped., mit wie wenig Berechtigung die Vertreter der anatomischen Richtung die Resultate der Ontogenetiker nicht annehmen.

Veranlassung hiezu geben mir zwei Aussprüche von Seiten Van Tieghem's. Auf pag. 141[1]) bei Behandlung von Phajus spricht sich genannter Autor nämlich folgendermassen aus: „mais il arrive que le labelle, exigeant un système vasculaire très developpé tangentiellement, tandis que le faisceau qui lui correspond n'est pas plus puissant que les autres, les branches qui resultent de sa division radiale, et qui sont destinées à l'étamine, sont trop grêles et surtout trop isolées pourque l'organogénie ait pù constater l'apparition du mamelon staminal correspondant".

---

1) Recherches sur la structure du pistil et sur l'anatomie comparée de la fleur. Memoire couronné par l'académie des sciences 1875.

Dass nun in den letzten Worten: „pour que l'organogénie ait pu constater l'apparition du mamelon staminal correspondant" der Schwerpunkt für den Richtigkeitsbeweis der anatomischen Untersuchungsmethode liegen soll, brauche ich nicht erst zu erwähnen. Wenn man sich aber nun erinnert, dass die anatomische Untersuchungsmethode alle Organanlagen nur auf Grund anatomischer Verhältnisse erkennen will (durch Gefässe oder Gefässbündel), so muss es wirklich als sehr auffallend erscheinen, wenn man mit der zweiten Aeusserung Van Tieghem's[1]): „Le faisceau (C) antérieur se divise aussi et entre dans le labelle sans donner de faisceaux visible superposé"[2]) den entwickelungsgeschichtlichen Befund des Ontogenetikers zusammenhält, wonach trotz allen Fehlens des Staminodialbündels a_3 das obige mamelon staminal correspondant sehr deutlich zu sehen ist.

Ohne hierbei länger verweilen zu wollen, will ich nur bemerken, dass es sich hier um eine Thatsache handelt, welche wieder deutlich demonstrirt, wie die Anatomie allein nie im Stande sein wird, morphologische Verhältnisse der Blüthe mit Sicherheit zu eruiren.

Dass nun trotzdem das Van Tieghem'sche Diagramm von Cypriped. übereinstimmt mit dem Diagramm, welches auch der Ontogenetiker, wenigtens für die fertige Blüthe angibt, ist lediglich darin begründet, dass jedes mehr weniger vollständig entwickelte Organ Gefässe bildet und dieselben einzeln oder als ganze Bündel an schon vorhandene der Axe anschliesst.

Es erscheint mir deshalb auch als sehr zweifelhaft, ob Eichler, wenn ihm mehrere Fälle von wirklichen Organanlagen, welchen Organanlagen jedoch keine Gefässbündel noch Gefässbündelspuren entsprechen, bekannt geworden wären, die Ansicht noch weiter vertreten hätte: die Van Tieghem'sche Arbeit sei auch darum sehr beachtenswerth, weil sie auch in vielen Fällen noch Gefässbündelspuren bei vollständigem Abort der Organe nachweise. Denn würde Eichler seine Ansicht: „da jedoch die durch Abort unvollständig gewordenen Formen zweifellos von vollständigen abstammen, so lässt sich leicht vorstellen, dass die bei den Stammeltern bestandenen inneren Differenzen bei der reducirten Nachkommenschaft festgehalten worden seien, wie sich überhaupt die innere Struktur im Allgemeinen schwieriger ändert als die äussere" auch für Cypriped. barb. haben anwenden wollen, so wäre es ihm gewiss nicht entgangen, dass, obwohl hier die Reduction eine relativ geringe ist, insofern nämlich, als bei Cypriped. Calc. das Staminalglied a_3, bei Cypriped. barb. die Glieder A_2, A_3, a_3 angelegt werden, dennoch keine entsprechenden Gefässbündel zu bemerken sind, während doch die mit sechs oder mit vier Staminalanlagen versehene Cyprypediumblüthe als vollständige oder stammelterliche Form jenen gegenüber zu stellen wären, welchen oben genannte Staminalanlagen fehlen, trotzdem aber der diesen der Lage nach entsprechenden Gefässbündel nicht entbehren.[3])

Im historischen Theil habe ich bereits erwähnt, dass Gérard die Angaben Van Tieghem's und Darwin's bezüglich des Gefässbündelverlaufes in der Blüthe von Cypriped. als richtig constatirt und ein Versehen desselben insoweit auch corrigirt hat, als er nachweist, dass das Gefässbündel des blattartig ent-

---

1) loc. cit. pag. 143.

2) D. h. ohne ein Gefässbündel für das dem Labellum supponirte Staminodium zu bilden.

3) Siehe Ophrydeen.

wickelten Staminodiums in seinem Bau dem gewöhnlichen Gefässbündeltypus folgt und nicht, wie Van Tieghem angenommen hatte, seinen Siebtheil nach innen, den Holztheil nach aussen verkehrt hat.

Diesen Angaben Gérard's habe ich nur hinzuzufügen, dass das Staminodialgefässbündel von Cypriped. als ein nach oben sich theilendes Gefässbündel zu betrachten ist und demgemäss zwischen seinem Holz- und Siebtheil mehrfach parenchymatisches Gewebe besitzt, ein Verhalten, welches in ähnlicher Weise bei den Staminalbündeln wiederkehrt.

Die Ansicht Gérards[1]): „Pour qu'une étamine passe à l'état de staminode il faut, ou qu'elle ne reçoive pas la quantité de nourriture suffisante pour atteindre son developpement complet ou au contraire qu'elle reçoive une provision trop grande. Dans ce second cas elle s'accroît rapidement et prend généralement la forme petaloïde"; ferner daran anschliessend: „La disposition de trachées, la forme le volume du staminode des Cypripedium, sa position même ne me laissent aucune doute pour attribuer sa formation à la seconde cause: l'excés d'alimentation" will ich nicht näher in Discussion ziehen, da man diesen Aussprüchen nicht einmal den Charakter einer Hypothese beilegen kann.[2])

Ich will nur um einer allenfallsigen Unklarheit zu entgehen, beifügend noch bemerken, dass das staminodiale Gefässbündel in seiner Grösse hinter den Staminalbündeln zurückbleibt, im übrigen aber, wie schon bemerkt, in der Orientirung seiner Bestandtheile sich von diesen nicht unterscheidet.

B) Ophrydeen.

I. Historischer Theil.

Das Bestreben, die Orchideen-, speciell die Ophrydeenblüthe morphologisch richtig verstehen zu lernen, hat im Laufe der Zeit die verschiedensten Ansichten zu Tage gefördert, Ansichten, welchen man wohl zum grössten Theile heute nicht mehr beipflichtet, die es aber immerhin verdienen, bei einer Neubearbeitung dieses Themas berücksichtigt zu werden. Die nun folgenden, allerdings etwas weitläufigen Auseinandersetzungen der historischen Daten ist daher wohl berechtigt; sie ist aber auch gefordert und zwar aus dem Grunde, weil eine vollständige geschichtliche Darstellung derselben bis heute überhaupt noch abgeht und gerade in der deutschen Orchideenlitteratur am wenigsten Berücksichtigung gefunden hat.[3])

Ausser dem Engländer Brown[4]), welcher eo ipso nur die älteste Orchideenlitteratur berücksichtigt, war es unter den Franzosen Gérard,[5]) der in seiner Arbeit: „Diagramme des Orchidees" die historische Entwickelung der Frage nach

---

1) loc. cit. 237.

2) Hat ja Gérard in seinem ersten Satze zugeschnitten, was er in seinem zweiten Satze als der Regel entsprechend damit beweisen will.

3) Auch Eichler musste es sich versagen, in seinem „Blüthendiagramme" auf dieses Thema näher einzugehen, pag. 183.

4) Beobachtungen über die Befruchtungsorgane und die Art der Befruchtung bei den Orchideen und Asclepiadeen. 1831.

5) loc. cit.

der morphologischen Deutung der Ophrydeenblüthe skizzirt hat. Meine Angaben nun, das will ich zu Beginn noch bemerken, stützen sich alle auf ein sorgfältiges Studium der nun zu citirenden Autoren selbst und nicht etwa, wie das vorzukommen pflegt, auf historische Angaben anderer.

Wie im Kapitel über Cypriped. schon bemerkt wurde, hatten Linnée und Haller jedes Pollinium einer Ophrydeenblüthe als einzelne Anthere angesprochen, eine Anschauung, welche durch Adanson, Schwarz und Jussien beseitigt worden, nachdem genannte Autoren die Monandrie als das für die Ophrydeen typische Verhalten erkannt hatten.

Im Jahre 1807 erhielt die morphologische Deutung der Ophrydeenblüthe durch Ch. Hiss[1]) eine höchst eigenthümliche, jedoch nicht uninteressante Darlegung. Auf Grund einer abnormen Blüthe von Ophrys arachnites, von Hiss „Ophrys bouclier" genannt, bei welcher sich an Stelle der inneren Petalen Stamina gebildet hatten, gelangte Hiss zu folgender Auffassuug: die Ophrydeenblüthe ist gebildet aus sechs Stamina und nur einem Perianthwirtel. Der innere im Allgemeinen ebenfalls als Perigonkreis angesprochene Wirtel entbehre dieser Eigenschaft und sei gebildet durch abortirende und petalisirende Stamina. Das Labellum aber entspreche der Verwachsung dreier solcher Stamina.

Nach kaum drei Jahren, 1810, wandte auch der grosse englische Botaniker R. Brown[2]) seine Aufmerksamkeit auf die interessante Familie der Orchideen und erkannte an der Ophrydeenblüthe zwei Perigonkreise, sowie drei mit dem Stylus verwachsene Stamina, wovon eines fertil, die beiden anderen rudimentär als auriculae an demselben gebildet würden. Wie dabei R. Brown die Ophrydeenblüthe diagrammatisch gedeutet wissen wollte, erfahren wir erst 1831 aus seiner Schrift: On the Organs and mode of Fecundation in Orchideae and Asclepiadeae. Brown schreibt ungefähr wie folgt: „Als ich zuerst meine Hypothese[3]) über die wahre Natur dieser Auswüchse (der auriculae) an der Säule bekannt gegeben, glaubte ich, obgleich ich dies damals nicht besonders hervorgehoben habe, dass sie die Ergänzung der äusseren Staubfadenreihe darstellen". Aehnlich wie R. Brown dachte sich auch L. Cl. Richard[4]) 1818 das Diagramm der Ophrydeenblüthe, auch er nahm an, es seien drei Stamina in derselben vorhanden.

Eine andere und sehr auffallende morphologische Deutung stammt 1828 von Ach. Richard[5]). Genannter Autor beobachtete eine pellorische Blüthe von Orchis latifolia (ni labelle ni éperon) und sah an derselben drei fertile Stamina und ein regelmässiges sechsblättriges Perianth. Nun zog Ach. Richard den Schluss: dass der normale Typus einer Orchideenblüthe ein regelmässiger (radiärer) sei, die Unregelmässigkeit (Zygomorphie) aber durch Entstehung des Labellums und des Sporns zu Stande komme.[6]) Auf Grund einer bei Epistephium das Perigon

1) Journal de Physique etc. Tome LXV, pag. 240—249 incl.

2) Prodromus florae Novae Hollandiae 1810.

3) Eben jene von 1810.

4) De Orchideis europaeis annotationes, mémoires du Muséum, t. IV, 1818.

5) Ach. Richard, Monographie des Orchidées des îles de France et Bourbon, pag. 15, 16, 17.

6) Dieser letztere entstünde auf Kosten der zwei abortirenden äusseren Stamina.

umgebenden kleinen dreitheiligen Hülle nimmt Ach. Richard die Hypothese von Ch. Hiss, allerdings etwas modificirt wieder auf und gibt an, dass die Orchideen ein dicyclisches trimeres Perianth, sowie zwei dreizählige Staminalkreise besitzen. Ausser bei Epistephium abortire aber der äussere Perigonkreis bei den übrigen Orchideen völlig und es würden bei allen die drei äusseren Stamina petaloid. Von den inneren dagegen, mit Ausnahme von Cypriped. würden zwei zu Staminodien (auriculae).

Ach. Richard's Anschauung fand auch durch Lindley ihre Stütze, welch letzterer soweit geht, dass er die mittlere Partie des Labellums als Connectiv, die beiden Seitenlappen aber als den Antherenfächern äquivalente Gebilde anspricht.

Eine andere und ganz neue morphologische Deutung der Orchideenblüthe trat auf mit dem Erscheinen von Brown's Beobachtungen über die Befruchtungsorgane und die Art der Befruchtung bei den Orchideen und Asclepiadeen 1831. In dieser interessanten Schrift hat Brown viele Jahrzehnte, ja man kann sagen selbst unsere Zeit noch durch seine Anschauungsweise beeinflusst. In einer früheren Schrift über Apostasie hatte Brown[1]) als wahrscheinlich angenommen, dass diese Staubfäden (die seitlichen und gewöhnlich unausgebildeten auriculae), in welchem Zustande der Entwickelung sie auch vorkommen mögen, zu einer von der des mittleren und gewöhnlich fruchtbaren Staubfadens verschiedenen Reihe gehören — mit anderen Worten, dass sie den beiden seitlichen Abschnitten der inneren Reihe der Blüthendecke gegenüberstehen.[2]) Es war dies eine Ansicht, welche R. Brown wie er selbst sich ausdrückt[3]): „Durch sorgfältige Untersuchung des Baues des Säulchens in verschiedenen Tribus der Familie, hauptsächlich vermittelst Querschnitten desselben, vollkommen bestätigt fand".

Zwischen der früher erwähnten Ansicht eines Ach. Richard und seiner persönlichen Auffassung vom Diagramm der Orchideenblüthe noch schwankend, hält Lestiboudois[4]) es für angezeigt, provisorisch wenigstens die Ansicht Richard's noch gelten zu lassen und überlässt seine eigene Hypothese völlig der Kritik. Lestiboudois glaubt nämlich bei den Orchideen, auf Grund theoretischer Erwägungen und auf Grund des Vergleichs mit Heliconia (Musaceae) annehmen zu sollen, die Orchideenblüthe bestehe: 1. aus sechs alternirenden Sepalen, 2. aus sechs Stamina, von welch letzteren das unpaare Glied des äusseren Kreises fertil, die paarigen aber mit dem Labellum einheitlich verwachsen seien. Ebenfalls mit dem Labellum verwachsen ist nach Lestiboudois das unpaare Glied des inneren Kreises, während die paarigen inneren Glieder mit der Säule (als Staminodien) verschmelzen.

1857 gelang es Payer[5]) für Calanthe veratrifolia (als Typus für die Orchideenblüthe) auf einem noch sehr frühen Entwickelungsstadium eine fast vollständig

---

1) Wie er wirklich selbst berichtet.

2) Aus Brown's Vermischte Schriften ins Deutsche übertragen von Dr. C. G. Nees von Esenbeck, pag. 134, 135.

3) loc. cit. 437.

4) Observations sur les Musacées les Scitaminées les Cannées et les Orchidées par m. Them Lestiboudois in Annales des Sciences naturelles Tome XVII pag. 278. 1842.

5) Organogenie comparée de la fleur pag 665, pl. 172.

trimer-pentacyclische Blüte nachzuweisen. Nur der vierte Cyclus zeigt eine Lücke, da das dem Labellum supponirte Stamen nicht angelegt erscheint.

Die bekannte Ansicht Brown's, es bestehe die Orchideenblüthe aus einem zweifach trimeren Perianth, einem nur durch ein Glied vertretenen äusseren Staubblattkreis, nebst einem durch zwei als Rudimente (Auriculae) noch erhalten gebliebenen nicht vollzähligen inneren Staubblattkreise, gewann an Glaubwürdigkeit durch die Untersuchungen Darwin's einerseits und die Arbeiten Van Tieghem's andrerseits. Hatte sich Brown für die Lösung dieser Frage auf Blüthenquerschnitte verlassen, um aus der gegenseitigen Stellung der getroffenen Blüthenbestandtheile auf deren morphologische Werthigkeit und Diagrammatik zu schliessen, so war für Darwin und Van Tieghem Brown's Hypothese schon gewiss und suchten diese lediglich nach Beweisen für deren Richtigkeit.

Als Beweismittel sollte beiden die Anatomie (Gefässbündelverlauf) dienen. Es kann uns daher nicht wundern, dass auch beide zu ähnlichen Resultaten gelangten. Darwin sowohl als Van Tieghem erkennen in der Orchideenblüthe den monokotylen Typus wieder. Während aber Darwin[1]) auf Grund seiner Untersuchungen an Catasetum tridendatum und C. saccatum annimmt, dass das Labellum von einem Kronblatt und zwei blattförmigen Stamina des äusseren Wirtels zusammengesetzt sei, schliesst Van Tieghem bei Phajus, wo die den paarigen Gliedern des äusseren Staminalkreises entsprechenden Bündel sich mit den paarigen des innern vereinigen, es seien die Staminalanhängsel des fruchbaren Staubgefässes ein Produkt dieser Vereinigung.

Ich habe schon bei Cypriped. gesagt, was von der anatomischen Untersuchungsmethode in der so wichtigen Frage nach den Organanlagen zu halten ist und will hier nur bemerken, dass einerseits Darwin, um den Werth seiner Untersuchungsmethode aufrecht zu erhalten, bei Epipactis, wo er die Bündel a_1 a_2 nicht finden konnte, obwohl sehr deutliche, den inneren Sepalen supponirte Staminodien vorhanden sind, die Hypothese aufstellt: es seien diese Staminodien „Rudimente von Rudimenten"; andrerseits will ich auch anführen, dass Van Tieghem durch einen textlichen Fehler in Payer's Arbeit irregeführt, in zu grosser Uebereilung die gründliche und richtige Untersuchung Payer's als falsch erklärt hat.

Noch einmal sollte die anatomische Untersuchungsmethode Darwin's und Van Tieghem's zur Lösung der Frage nach der morphologischen Werthigkeit und der diagrammatischen Stellung der einzelnen Blüthenbestandtheile bei den Orchideen zur Anwendung kommen.

Gérard[2]), welcher 1878 die diesbezüglichen Untersuchungen wieder aufgenommen hatte, stellte auf Grund der Gefässbündelvertheilung unter den Orchideen fünf Typen auf. Ich will hier jedoch nicht näher darauf eingehen, schon deshalb, weil, wie ich schon erwähnt habe, der Gefässbündelverlauf kein Criterium für das Vorhandensein und die gegenseitige Anordnung von Organanlagen abgeben kann, dann aber auch, weil ich gelegentlich bei Abhandlung der von Gérard

---

1) Charles Darwin, Ueber die Einrichtungen zur Befruchtung britischer und ausländischer Orchideen durch Insekten etc. Aus d. Englischen übers. v. H. G. Brown 1862.

2) Annales des sciences naturelles T. VIII, 1878, Gérard sur l'homologie et le diagramme des Orchidées pag. 245.

bearbeiteten Pflanzen letztgenanntem Autor zu widersprechen Veranlassung nehmen muss.

Es erübrigt nun noch zweier weiterer und letzten Arbeiten zu gedenken. Th. Wolf[1]), welcher in seiner ausgezeichneten Arbeit: Ueber die Bursicula und das Retinaculum bei den Orchideen auch die Staminalfrage berührte, drückt sich folgendermaassen aus: „Von den zwei äusseren Blattkreisen gelangen wir zum dritten, welcher in Folge der Entwickelung lückenhaft wird und mit dem vierten, den Carpellblättern innig verwachsen ist. In der ersten Anlage finden wir auch hier die Dreizahl, denn ursprünglich sind drei Antheren vorhanden, aber zwei seitliche bleiben in der Entwickelung gänzlich zurück und sind später hinter den beiden Fächern der Anthere als zwei warzenartige Auswüchse, Staminodien genannt, wahrzunehmen.“

Diese Angaben Wolf's stehen grösstentheils in Uebereinstimmung mit den Untersuchungsresultaten Pfitzer's[2]). Auch nach diesem Autor sollen die Auriculae bei unseren Orchisarten (Orchis, Gymnadenia, Platanthera) staminodialen Charakter besitzen und gleich dem fertilen Stamen dem äusseren Staminalkreis angehören: „Jetzt ist die Sache klar; nach der Entwickelungsgeschichte können die Oehrchen nur demselben Kreise zugerechnet werden, wie das mediane Staubblatt“ (Pfitzer). Der Unterschied zwischen den Angaben Wolf's und Pfitzer's besteht lediglich darin, dass Wolf nur einen Staminalkreis annimmt, während Pfitzer richtig deren zwei.

II. Specieller Theil.

Als Ausgangspunkt meiner Untersuchung diente mir Gymnadenia conopea L.

Das trimer-dicyclische Perianth unserer einheimischen Gymnadenia- sowie Orchisarten zeigt ausser dem mehr weniger langen Sporn nichts besonderes und haben namentlich Wolf und Pfitzer deren Entwickelung studirt und auch richtig erkannt. Beide konnten konstatiren, dass die Perigonblätter auf verschiedener Höhe inserirt sind und auch zu einer verschiedenen Zeit angelegt werden. Pfitzer bemerkt, dass die nach der Hauptachse hin stehenden paarigen Sepalen zuerst sichtbar werden, dann das unpaare, sodann das Labellum und nach diesem erst die paarigen inneren Petalen und fast gleichzeitig damit auch die eine fertile Anthere. Mit meinen Untersuchungen an Gymnadenia stimmen auch die Pfitzer'schen Angaben über Orchis Morio überein, wonach die Petalen erheblich kleiner sind als die Lippe, welche ihrerseits wieder an Umfang weit hinter der Staubblattanlage A_1 zurückbeibt. Bezüglich des Labellums führt dann

1) Beiträge zur Entwickelungsgeschichte der Orchideenblüthe pag. 265 in Jahrbücher f. wissenschaftl. Botanik v. Dr. N. Pringsheim 1865, Bd. IV.

2) Untersuchung über Bau und Entwickelung der Orchideenblüthe pag. 171. Jahrbücher für wissenschaftliche Botanik von Pringsheim. 1888, Bd. XIX.

Wolf für Orchis Morio[1]) richtig an, dass von dem Sporn an einer jungen Blüthe noch nichts wahrzunehmen sei als eine seichte Ausbuchtung an der Stelle der Einfügung des Labellums, sowie dass erst während der folgenden Stadien sich das Labellum an seiner Ursprungsstelle immer mehr nach unten ziehe und jene sackartige Ausbiegung bilde, welche wir den Sporn nennen.

Der Umstand, dass fast alle im historischen Theil genannten Autoren bei der Orchideenblüthe nach der morphologischen Deutung der Auriculae sowie nach deren diagrammatischen Stellung fragten, die sich gestellte Frage aber so verschiedenartig beantworteten, erklärt es, dass auch ich mein Hauptaugenmerk speciell auf diesen Punkt gerichtet habe. Mein erstes Bestreben war, an Hand successiver Querschnitte bei Gymnadenia diejenigen Verhältnisse wiederzufinden, welche Pfitzer für Orchis Morio und Orchis latifolia angibt. Pfitzer nimmt nämlich an, es sei das Androeceum der genannten Pflanzen gebildet aus den drei äusseren Staminalanlagen, von welchen die beiden paarigen verkümmern und den Auriculae der fertigen Blüthe entsprechen. Da ich über ein sehr reiches Material verfügte, glaubte ich auch versichert zu sein, dieses mein Bestreben von Erfolgt begleitet zu sehen. Allein ich hatte schon 50 und mehr Blüthenknospen der verschiedensten Entwickelungsstadien geschnitten und immer war es mir noch nicht gelungen, meine Präparate mit den Worten und Abbildungen Pfitzer's indentificiren zu könnnen. Die Vermuthung, Pfitzer habe sich bei seinen Untersuchungen geirrt, lag daher nahe und wurde ich darin bestätigt, nachdem ich viele und tadellose Serien Mikrotomschnitte durch Blüthenknospen jeden Alters erhalten hatte. Vergleiche ich meine Schnitte mit den Querschnittzeichnungen, welche Pfitzer für Orchis Morio und Orchis latifolia angibt, so fällt besonders Fig. α, β (pag. 43) auf.

Es hat dieser Schnitt noch am meisten Aehnlichkeit mit Pfitzer's Fig. 20 T. III und Fig. 1 T. IV. Bei Gymnadenia ein äquivalentes Stadium mit dem von Orchis Morio, welches Pfitzer in seiner Fig. 17 T. III widergibt, auf irgend einem Schnitt zu finden, war mir ganz und gar unmöglich.

Bei Orchis Morio konnte ich dieses Entwickelungsstadium nicht mehr erhalten und so kann ich weder die Richtigkeit dieser Figur constatiren noch directe negiren. Bedenkt man aber, dass Orchis latifolia, sowie Gymnadenia, welche beide bezüglich der Weiterentwickelung ihres Androeceums völlig mit Orchis Morio übereinstimmen,

1) Das Gleiche gilt voll und ganz für Gymnadenia.

auf einem gleich alten Stadium, wie es die vorhin genannte Fig. 17 T. III für Orchis Morio widergibt, ein wesentlich verschiedenes Aussehen besitzen, so ist ein Zweifel über die Richtigkeit dieser Figur gewiss gestattet. Will man die von Pfitzer mit A_2 und A_3 bezeichneten Gebilde mit meinen x_2 und x_3 indentificiren, so spricht, abgesehen von der Anheftungsweise derselben, auch das viel weiter vorgerückte Entwickelungsstadium, in welchem die genannten Höcker bei Gymnadenia auftreten, gegen die Richtigkeit der Pfitzer'schen Figur. Wie aus meiner Figur α hervorgeht, ist das Stadium der Blüthenknospe, auf welchem die beiden Höcker x_2 und x_3 zu sehen sind, schon ein ziemlich altes. Die Anthere ist schon tief getheilt, die Rostellumspitze dringt zwischen die Pollinien hinein und das Labellum hat in seinem Wachsthum die Anthere überholt. Was die Stellung der beiden Höcker betrifft, so stehen dieselben bei Gymnadenia zwar ungefähr so, wie es Pfitzer für Orchis Morio in Fig. 17 zeichnet, sind aber deutlich mit den inneren Petalen verwachsen und nicht, wie Pfitzer annimmt, mit den paarigen Sepalen S_1 und S_2, ein Verhalten, welches man auch an frei präparirten Knospen beobachtet.

Eine Erklärung für die Pfitzer'sche Zeichnung 17 T. III lässt sich indess vielleicht dadurch finden, dass man annimmt, sie sei das Produkt einer optischen Täuschung. Dicke, mit Kalilauge aufgehellte Querschnitte unter das Mikroskop gebracht, zeigen sich wirklich so, wie dies vorhin genannte Figur darstellt, und es bestand auch für mich anfänglich die Gefahr, die Orchideenblüthe in dieser Beziehung falsch zu deuten. Betrachtet man aber einen solchen Schnitt nicht nur von oben, sondern dreht man denselbe auf alle Seiten, dann kann man sich leicht davon überzeugen, dass die beiden Gebilde A_2 und A_3, die vorher den Eindruck von Höckern gemacht hatten, lediglich die Basis der beiden äusseren Sepalen darstellen, welche, da die Sepalen kapuzenartig das Gynostemium bedecken, auf dem Querschnitt (von oben gesehen) wie besondere, gegen das Knospencentrum vorspringende Gebilde erscheinen können.

Anders liegt die Sache bei Pfitzer's Fig. 20 T. III. Schon vorhin wurde erwähnt, dass diese Figur sich am besten mit meiner Fig. α, β identificiren lasse. Betrachtet man aber diese beiden Figuren etwas näher, dann fällt sofort auf, dass die von mir mit x_2 und x_3 bezeichneten Höcker sich anders verhalten als Pfitzer's A_2 und A_3.[1]) Meine Figur zeigt nämlich x_2 und x_3 mit den inneren

1) Ich muss indess bemerken, dass ich bei O. Morio keine vollständig zweifellosen Präparate erhalten habe, d. h. solche, welche x_2 und x_3 deutlich gezeigt hätten.

Petalen als völlig verwachsen, während Pfitzer seine A_2 und A_3 zwar wohl als vor den inneren Petalen stehende, jedoch von diesen deutlich getrennte Gebilde widergibt.

Der Umstand nun, dass Pfitzer in Fig. 1 Taf. IV einen Querschnitt von Orchis latifolia zeichnet und denselben mit den Worten interpretirt: „Vollständig klar wird die Bedeutung sämmtlicher Organanlagen ein wenig später, etwa in einem Stadium, welches T. IV Fig. 1 von Orchis latifolia darstellt. In den beiden Perigonkreisen ist keine wesentliche Veränderung zu bemerken — die Anthere ist tief durchschnitten, die beiden schmalen, nach der Lippe hin vorgerückten Lappen werden später die Caudiculae bilden, bestehen aber noch aus ganz gleichförmigem meristematischen Gewebe. Viel stärker entwickelt haben sich dagegen die mit A_2 und A_3 bezeichneten Gebilde, welche in T. III Fig. 17 zuerst als schwache Höcker erschienen — es wird allmählich deutlich, dass sie den bekannten Oehrchen rechts und links vom fruchtbaren Staubblatt der fertigen Blüthe entsprechen", — dieser Umstand, sage ich, beweist zur Genüge, dass Pfitzer bei seinen Untersuchungen sich hat täuschen lassen. Ich kann nicht umhin zu erwähnen, dass die Fig. 1 T. IV gar nicht der Wirklichkeit entspricht, mit anderen Worten, dass eine solche Schnittfigur, man mag Schnittserien durch beliebig viele Stadien machen, nie erhältlich ist. Ich finde daher keine andere Erklärung für die Thatsache, dass Pfitzer eine solche Abbildung geben konnte, als dass die von Pfitzer beobachteten Schnitte zu dick waren, vielleicht auch etwas schief gegangen sind, die Abbildung selber aber zum Theil auf Reconstruction beruhen muss.

Dass unter solchen Umständen Pfitzer's Angabe: „es wird allmählich deutlich, dass sie (A_2 und A_3) den bekannten Oehrchen rechts und links vom fruchtbaren Staubblatt der fertigen Blüthe entsprechen", nicht richtig sein kann, braucht nicht besonders betont zu werden.

Aus dem Vergleich der Querschnitte verschieden alter Entwickelungsstadien geht hervor, dass die Höcker x_2 und x_3 bei Gymnadenia vollständig verschwinden, mit den Auriculae also nichts gemein haben können.

Auf pag. 177 anlässlich der Figurenerklärung ad Fig. 20 T. IV spricht Pfitzer von einer „vierlappig gewordenen Anthere". Ich will diesen Ausdruck „vierlappig" einstweilen beibehalten und gleich erklären, dass die beiden oberen Lappen, d. h. die gegen das unpaare äussere Sepalum gerichteten, identisch sind mit den Auriculae der ausgewachsenen Pflanze. Ein Längsschnitt, welcher die Pfitzer'schen Glieder A_2 und A_3 zeigen würde, geht in der Pfitzer-schen Arbeit ab.

Bei Wolf T. XV Fig. 18 finden wir einen Längsschnitt durch eine junge Blüthenknospe abgebildet. Wolf beobachtet hinter der Anthere einen kleinen Höcker (*st*) Fig. 18 u. 19 und deutet diesen als Staminodium. Leider findet sich unter den Wolf'schen Querschnitten durch junge Stadien kein solcher, aus welchem man ersehen könnte, wie Wolf die vierlappige[1]) Anthere auffasst, ob er die hinteren Lappen als Staminodien deutet. Bei älteren Stadien indess thut es Wolf Fig. 32[2]) und so glaube ich ihn nicht misszuverstehen, wenn ich annehme, dass er, wie auch ich, die hinteren (oberen) Lappen als Auriculae[3]) auffasst.

Wenn ich hier die Wolf'sche Fig. 18 T. XV noch speciell erwähne, so geschieht dies, um daran einen Fehler zu corrigiren. Von der Ansicht ausgehend, es seien zuerst drei Antheren in der Blüthenknospe vorhanden, zeichnet Wolf den Höcker hinter der Anthere als ein von derselben getrenntes Gebilde. Dem ist aber nicht so. An meiner Schnittfigur γ von Gymnadenia ersieht man, dass dieser Höcker nicht als selbständiges für sich existirendes, sondern lediglich als ein der Anthere zugehöriges Gebilde in die Erscheinung tritt.

Die Frage, ob die bei Gymnadenia vorhandenen und, wie ich schon angeführt habe, bald wieder verschwindenden Höcker, welche vorerst noch mit x_2 und x_3 bezeichnet sein mögen, wirklich Staminodien darstellen und als solche dem äusseren oder inneren Staubblattkreise angehören, mag an einer anderen Stelle erwogen werden, hier will ich gleich bei den Auriculae verbleiben.

An der von R. Brown zuerst aufgestellten Hypothese, es seien die Auriculae bei den Ophrydeen infolge der phylogenetischen Entwickelung reducirte Stamina, wurde stets festgehalten, und kein Botaniker hat es unternommen, ihr im Ernste zu widersprechen. Es haben vielmehr alle Autoren, welche im Laufe der Zeit die morphologische Deutung der Ophrydeenblüthe als Gegenstand ihres Studiums gewählt hatten, darnach getrachtet, die Richtigkeit der Hypothese

---

1) Auch Wolf zeichnet eine vierlappige Anthere, gibt aber keine Erklärung dazu.

2) Bei Fig. 25 und 26 bezeichnet Wolf die „zackigen Gebilde" nicht.

3) Damit stehen auch die citirten Worte Wolf's auf pag. 265 nicht in Widerspruch.

Brown's zu beweisen. Die einzige Frage, welche zu Meinungsverschiedenheiten führte, war die nach der diagrammatischen Stellung dieser reducirten Stamina. Und so haben wir gesehen, dass diese reducirten Stamina oder Staminodien kurzweg bald als dem inneren, bald als dem äusseren Staubblattkreis zugehörig, von Van Tieghem sogar als Verschmelzungsprodukt des äusseren und inneren Staubblattkreises betrachtet wurden. An dieser Stelle dürfte es daher angebracht sein zu erwähnen, dass Hiss 1807, wenn auch nicht ausdrücklich, so doch implicite [1]) die Auriculae als Bestandtheile der fertilen Anthere betrachtet hat.

Wenn Hiss und die älteren Autoren vor ihm schon vor mehr als 90 Jahren den Charakter der Auriculae bei den Ophrydeen gleichsam instinktiv richtig erkannt hatten, so will ich nun im Folgenden, gestützt auf gründliche entwickelungsgeschichtliche Untersuchungen, mit Zuhilfenahme der modernen Technik den wahren Charakter der Auriculae zu erläutern suchen.

1. Was die Hypothese Brown's anlangt, so möchte ich von vorneherein ihren Werth etwas abschwächen, und zwar mit dem Argument, dass dieselbe immerhin mehr oder minder willkürlich ist, d. h. ohne — was ja besonders in die Wagschale fällt — irgendwelche entwickelungsgeschichtliche Untersuchungen als Ausgangspunkt zu haben. Wenn auch Brown erwähnt, er habe seine Hypothese durch Blüthenquerschnitte [2]) bestätigt gefunden, so kann man dies doch nicht als hinreichende Grundlage für den Aufbau einer Hypothese betrachten, ebensowenig als man es jetzt noch als zulässig bezeichnen könnte, wenn einer auf Grund von Querschnitten durch eine aufgeblühte Primulablüthe die Hypothese aufstellen wollte, es seien die fünf mit den Petalen verwachsene Stamina aus letzteren entsprungene Gebilde.

2. Auf die Angaben der Anatomen brauche ich hier nicht mehr einzugehen, da ich mich hierüber schon geäussert habe.

3. Die entwickelungsgeschichtlichen Untersuchungen Pfitzer's muss ich nicht mehr berücksichtigen, da es nun feststeht, dass genannter Autor bezüglich der Auriculae sich geirrt hat.

1) Diese Interpretation ist gewiss in sehr hohem Maasse berechtigt, denn da Hiss von abortirenden und petalisirenden Stamina spricht, ja sogar annimmt, dass das Labellum aus drei solchen Stamina gebildet sei, hätte er sich gewiss auch über die Auriculae besonders geäussert, wenn er geahnt hätte, dass Brown schon drei Jahre später diesen Auriculae staminodialen Charakter zuschreiben würde.

2) Natürlich durch ausgebildete Blüthen.

Uebersieht man nun eine Querschnittserie, wie sie das in Fig. 5 *a—f* abgebildete Stadium widergibt, dann fallen bei Schnitt *b* sofort die mit „*au*“ bezeichneten Gebilde auf, die quergetroffenen Auriculae. Würden ausser diesem Schnitte keine weiteren zur Verfügung stehen, so wäre man gezwungen, diese beiden Gebilde als Staminodien zu betrachten und zu deuten, denn es stehen dieselben so ziemlich vor der Mitte der inneren Petalen und scheinen sich frei vom Blüthenboden, den man natürlich in dieser Schnitthöhe noch nicht sehen kann, zu erheben. Successive Schnitte belehren uns aber, dass die als frei erscheinenden Gebilde in Wirklichkeit nur das oberste, etwas freie Ende der hinteren Hälfte der „vierlappig gewordenen Anthere“ darstellen.

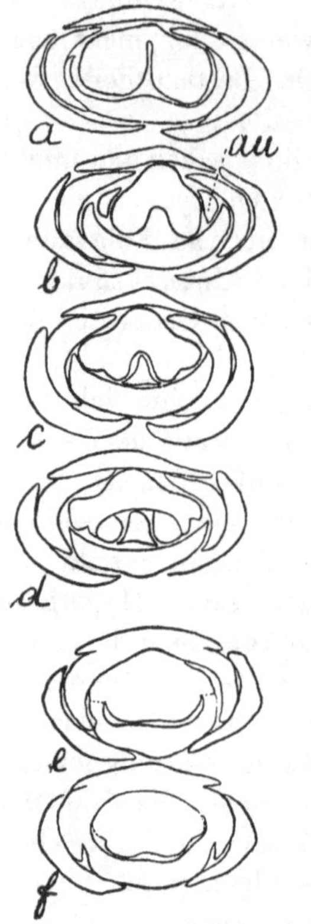

Fig. 5. Successive Querschnitte von Gymnadenia.

Ein Längsschnitt durch die Anthere, so dass ein Pollinium vollständig median getroffen wird, lässt ein Gleiches erkennen. Schon anlässlich der Besprechung von Wolf's Fig. 18 habe ich angeführt, dass der auf dem Längsschnitt an der Rückseite der Anthere auftretende Höcker nicht frei vom Blüthenboden sich erhebt, wie Wolf in seiner Zeichnung angibt; hier will ich nur noch hinzufügen, dass dieser Höcker bei Gymnadenia[1]), z. B. Fig. γ, an der Basis der Antherenrückseite als schwache und ganz allmählich in dieselbe übergehende Erhebung in die Erscheinung tritt, während man denselben auf dem Längsschnitte von Platanthera als plötzlich aus der Antherenrückseite hervorbrechendes Gebilde zu sehen bekommt (Fig. δ).

Deutlicher noch als an Quer- und Längsschnitten wird der wahre Sachverhalt an jüngeren, frei präparirten Antheren. Findet man in einer ganz jungen Blüthenknospe die Anthere noch als zungenförmiges, fast überall gleich dickes Plättchen, so zeigen etwas weiter fortgeschrittene Entwickelungsstadien ihre Antheren schon mehr weniger charakteristisch verändert. Die Pollenbildung, welche gegen die Antherenspitze hin, sowie auf der

1) Es handelt sich natürlich um jüngere Entwickelungsstadien.

Antherenvorderseite stärker vor sich geht als auf der Rückseite[1]) bewirkt, dass an der Basis der Anthere, und zwar auf deren ganzen Rückseite, „steriles" Gewebe verbleibt. Dadurch nun, dass dieses sterile Gewebe zu beiden Seiten auf dem Rücken der Anthere mit dem übrigen Theil der Anthere weiterwächst, kommen jene beiden

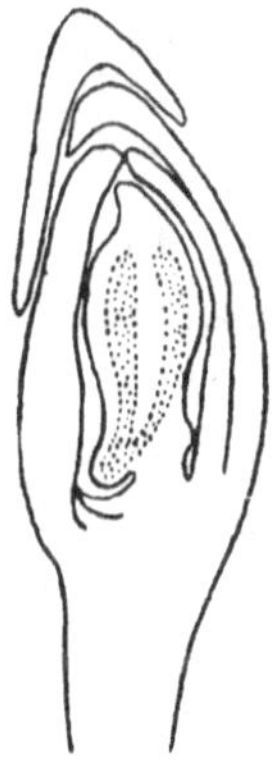

Fig. γ. Längsschnitt durch Gymnadenia.

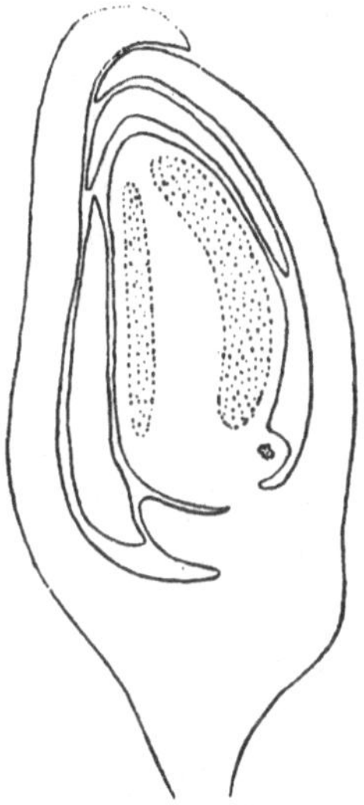

Fig. δ. Längsschnitt durch Platanthera.

Gebilde zu Stande, welche man Auriculae nennt. Es bedeuten daher die Auriculae nichts anderes als die von der Pollenbildung ausgeschlossenen weiterwachsenden seitlichen Basaltheile der Antherenrückseite.

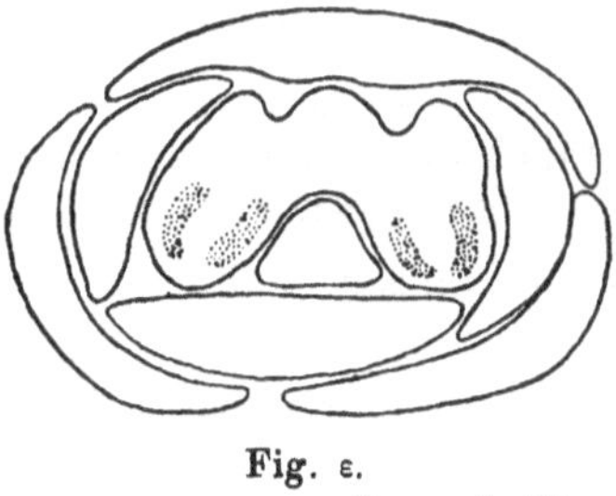

Fig. ε.

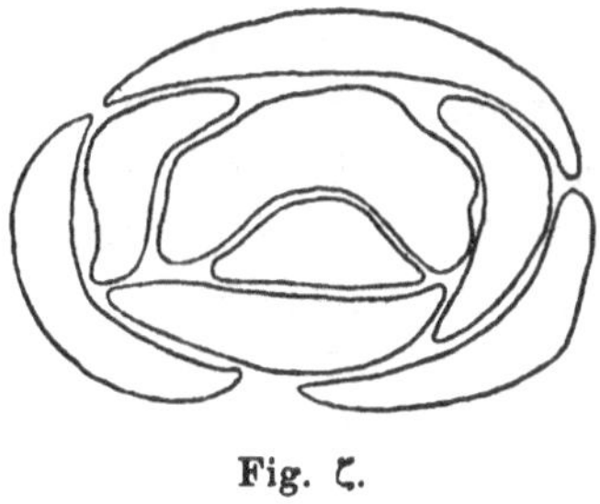

Fig. ζ.

Querschnitte durch Platanthera.

Es wäre gewiss ein unrichtiges Verfahren, wollte man durch Abnormitäten a priori die morphologische Werthigkeit irgend eines

1) Ein Verhalten, welches auch an den beigegebenen, nach Photographien gezeichneten Abbildungen erkannt werden kann (Fig. γ und δ Längsschnitt, Fig. ε und ζ Querschnitt).

Blüthenbestandtheiles erklären. Oft schon wurden aber Abnormitäten herangezogen, wenn es galt, für irgend eine Hypothese oder Theorie eine Stütze zu finden. So fühlte Wolf, weil er bei einer abnormen Blüthe von Orchis mascula statt der einen Auricula eine halbe Anthere angetroffen hatte, sich in seiner Annahme bestärkt, es seien die Auriculae bei den Ophrydeen wirklich Staminodien, welche, wie es dieser Fall zeige, zuweilen fertil werden könnten. — Um so interessanter ist es zu erfahren, dass Brown, der eigentliche Begründer dieser Auricula-Staminodien-Hypothese, in seiner 1831 verfassten Schrift auf Grund einer abnormen Blüthe von Habenaria bifolia (Platanthera bifolia) seine eigene Hypothese anzweifelt. Brown berichtet: „In meinen neuesten Bemerkungen über Apostasia erwähnte ich einer sonderbaren Monstrosität von Habenaria bifolia, die, wenn man überhaupt auf dergleichen Abweichungen vom gewöhnlichen Bau immer bauen könnte, die Anwendbarkeit der Hypothese auf diese Auriculae in Bezug auf die Ophrydeen sehr zweifelhaft machen würde. Denn in diesem Falle, wo sich drei Antheren ausgebildet haben, finden sich nicht nur Auriculae an dem mittleren oder gewöhnlichen Staubfaden, sondern man sieht auch ein solches Oehrchen an der oberen Seite jeder Seitenanthere, welche hier zwei Abschnitten der äusseren Reihe der Blüthendecke gegenüber stehen. Erst kürzlich ist mir ein anderes der Hypothese nicht weniger ungünstiges Beispiel einer ähnlichen Monstrosität vorgekommen.“ So weit die Worte Brown's. Dieser von Brown beschriebene Fall einer abnormen Platantherablüthe spricht natürlich gänzlich für meine Deutung der Ophrydeen-Auriculae und kann die von Pfitzer gegebene Erklärung[1]) für eben denselben Fall, nachdem genannter Autor sich in seinen Untersuchungen getäuscht hat, nicht mehr in Betracht kommen.

Auch ich habe bei meinen Untersuchungen eine Monstrosität gefunden und zwar bei Orchis latifolia. Die Abbildungen dieser Monstrosität Fig. *R* zeigen, dass zwei Antheren gebildet sind, von welchen beide Auriculae besitzen. Dass je zwei dieser Auriculae etwas weniger stark hervortreten, ist leicht erklärbar. Einmal wird die gegen die gewöhnlich fertile Anthere Fig. *RA* angrenzende zweite Anthere *x* infolge ihrer fast vollständigen Entwickelung die ge-

1) „Den auf den ersten Blick mit unserer jetzigen Auffassung schlecht harmonirenden Fall der oben erwähnten Platanthera bifolia glaube ich jetzt so auffassen zu sollen, dass die hier trotz dreier fertiler Stamina vorhandenen vier Oehrchen den sonst ganz unterdrückten paarigen Staubblättern des inneren Kreises a_1 a_2 entsprechen, welche sich verdoppelt hatten.“ Pag. 171.

wöhnliche Anthere im freien Wachsthum mehr weniger hindern, dann aber wird auch die zweite Anthere von den seitlichen Petalen dermaassen in ihrer Wachsthumsrichtung beeinflusst, dass sie ihre äussere Auricula *au* etwas nach vorn verschiebt. Das theilweise Unvollständigwerden der Auricula ist in diesem Falle also bedingt durch die zu kleinen Raumverhältnisse, unter welchen sich die Auriculae bilden müssen. In ähnlicher Weise wird auch der Brown'sche Fall, bei welchem zwei Seitenantheren je eine Auricula fehlt, zu erklären sein.

Die Frage nach der morphologischen Werthigkeit der Auriculae bei unseren Ophrydeen betrachte ich als genügend behandelt und verweise nur noch auf die Anthere bei Ophrys[1]), bei welcher man auch im ausgebildeten Zustande noch deutlich erkennen kann, dass die Auriculae Gebilde der Anthere darstellen. (Fig. S_1 und S_2.)

Es erübrigt nun noch der beiden mit x_2 und x_3 bezeichneten Gebilde zu gedenken. Dass es sich hier um Staminalanlagen handelt, das dürfte ausser allem Zweifel sein. Denn man findet genannte Höcker nicht nur auf Querschnitten, sondern man kann bei sorg-

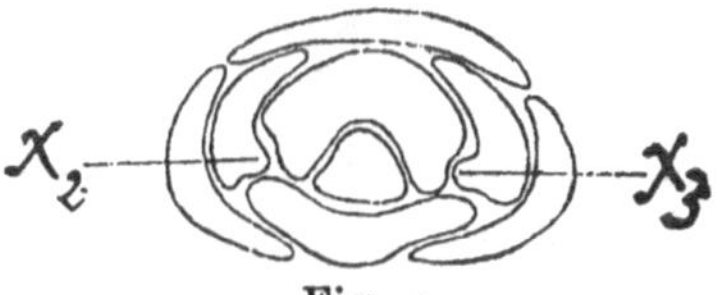

Fig. α.

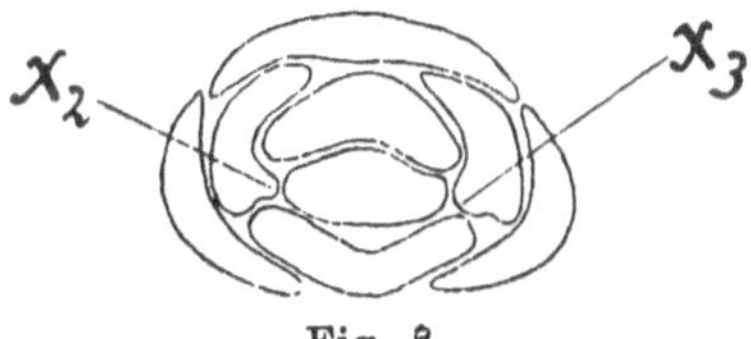

Fig. β.

Successive Querschnitte durch eine junge Blüthe von Gymnadenia.

fältiger Präparation dieselben auch an freipräparirten Knospen körperlich ganz gut sehen.

Es frägt sich nun lediglich, welchem Staminalkreis dieselben zuzurechnen sind.

Der Umstand, dass wir bei Epipactis und Calanthe zwei Staminodien antreffen, welche zweifellos dem inneren Staminalkreis angehören[2]), ferner der Umstand, dass bei Cypripedium ebenfalls zwei innere Stamina gebildet werden, lässt es als wahrscheinlich erscheinen, dass wir es hier mit inneren Staminalanlagen zu thun haben, zumal auch hier, gleich wie bei Epipactis und Calanthe, die Gebilde x_2 und x_3 mit den inneren Petalen verwachsen sind. Dass nun x_2 und x_3 nicht genau vor der Mediane der inneren Petalen stehen, sondern sich mehr gegen das Labellum hinwenden, dürfte, wenn man x_2 und

---

1) Dieselben sind bei Ophrys sehr schwach entwickelt.

2) Das Gleiche habe ich bei Mikrostyles gefunden, siehe später.

x_3 als dem inneren Staminalkreise angehörig betrachten will, durch das rasche und starke Wachsthum der fertilen Anthere erklärt werden. Dadurch nämlich, dass die fertile Anthere mehr als die Hälfte vom Raume der Blüthenknospe für sich beansprucht, werden x_2 und x_3, welche ja relativ spät[1]) entstehen, gezwungen auszuweichen, was aber nur in der Richtung gegen das Labellum hin geschehen kann.

Will man aber die Höcker x_2 und x_3 als äussere Staminalanlagen ansehen, indem man dieselben mit der Mediane der äusseren Petalen zu verbinden sucht, so besteht dafür auch kein weiteres Hinderniss und muss ich daher die Deutung der in Fig. α, β nach Photographien gezeichnete Schnitte völlig der Auffassung jedes Einzelnen anheimstellen.

III. Ueber Calanthe veratrifolia.

Dieses klassische Untersuchungsobject, eines der vorzüglichsten Beispiele entwickelungsgeschichtlicher Blüthenuntersuchungen, verdient es, einer kurzen Erwähnung gewürdigt zu werden.

Payer, welcher zuerst die Orchideenblüthe entwickelungsgeschichtlich studirt hat, war dadurch, dass er Calanthe als Untersuchungsobject herangezogen hatte und dieselbe als Vertreterin der ganzen Sippe betrachtet wissen wollte, in der Auswahl seiner Vertreterpflanze doppelt glücklich. Nicht nur ist es bei Calanthe veratrifolia relativ leicht, den Blüthenaufbau zu studiren (die Blüthenknospen sind gross und behalten ziemlich lange Zeit auch trotz des raschen Wachsthums ihre primären Organisationsverhältnisse bei), es zeigt genannte Pflanze das Auftreten von fünf Staminalanlagen und ist dadurch zugleich dem Prototyp der Orchideenblüthe, welchem, wie ich bei Cypriped. barbatum gezeigt habe, sechs Stamina zuzuschreiben sind, sehr genähert.

Der Umstand, dass intermediäre Entwickelungsstadien für mich nicht erhältlich waren (ich besass nur zwei Blüthenstände, wovon der eine zu jung, der andere zu alt war), gestattet es mir nicht, aus eigener Anschauung eine eigene Beschreibung aller Entwickelungsstadien zu geben. Ich beschränke mich daher darauf, hier anzuführen, dass die paarigen inneren Staminalanlagen, von Payer mit *et°* bezeichnet, selbst in einem sehr weit fortgeschrittenen Zustand der Blüthe noch deutlich als solche zu erkennen sind[1]) (Fig. 6*a* und *b*

1) Das späte Auftreten derselben würde ebenfalls dafür sprechen, dass wir es mit höheren, d. h. inneren Staminalanlagen zu thun haben.

im Querschnitt) und in der weiter entwickelten Blüthe sich als aufrechte Zipfel, wie auch Payer richtig bemerkt hat, wieder finden.

Was nun Payer's *et*^{a} betrifft, d. h. die Anlagen der paarigen äusseren Stamina, so habe ich dieselben als freie und selbständige Höcker, so wie sie Payer in Fig. 10, 11, 16, 17, 18 angibt, aus dem oben angeführten Grunde nicht erkennen können.

Die Klarheit von Payer's sämmtlichen Zeichnungen, sowie der Umstand, dass ich in einem älteren Stadium eine Knospe untersuchte, welche Payer's Fig. 20 sehr nahe kam (ich bemerkte ausserhalb der paarigen Carpelle auf der Innenseite der paarigen Sepalen einen mit den oben erwähnten *et*^{a} in Verbindung stehenden Wulst), befestigt in mir die Ueberzeugung von der Richtigkeit der Payer'schen Untersuchung. Im übrigen habe ich der Untersuchung Payer's nichts hinzuzufügen und will an dieser Stelle nur noch kurz des schon früher einmal erwähnten „textlichen Fehlers" in Payer's Arbeit gedenken. Der Wortlaut in genanntem Werke ist folgender: „Les trois étamines superposées aux divisions du périanthe externe, bienque nées avant celles qui sont superposées aux deux divisions du périanthe interne n'apparaissent pas toutes à la fois; L'étamine superposée à la division antérieure du périanthe externe se montre avant les deux autres. Elle seule accomplira toutes les phases d'un d'éveloppement régulier et deviendra fertile, les deux autres s'arrêteront bientôt et dans la fleur épanouie se présenteront sous l'aspect de petits tubercules." „Les deux étamines superposées aux divisions anterieures du périanthe interne avortent presque aussitôt leur naissance et l'on n'en trouve plus le moindre vestige lors de l'anthèse."

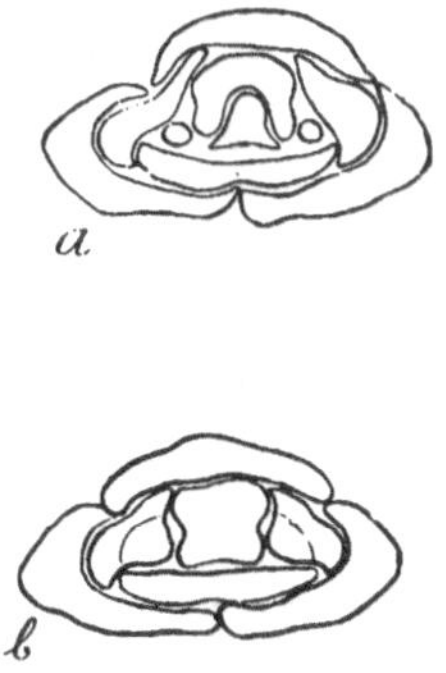

Fig. 6. Querschnitte durch Calanthe.

Vergleicht man nun mit diesem Wortlaute die Payer'schen Abbildungen, dann geht deutlich hervor, dass sich Payer bei Abfassung seines Textes geirrt hat. Dieses Versehen, welches nicht bloss ein Schreibfehler sein kann (externe statt interne resp. umgekehrt), wie dies aus der ganzen Stelle hervorgeht, erkläre ich mir dadurch, dass ich annehme, es seien Payer die Resultate seiner Untersuchung in der Erinnerung momentan etwas verschoben gewesen. Zu dieser Annahme zwingt der Umstand, dass Payer in seinen Fig. 10, 11, 16,

1) Weil als vor den inneren Petalen stehende freie Höcker erscheinend.

17, 18 konsequent die dem äusseren Staminalkreis angehörigen Staminalanlagen et^a stets kleiner zeichnet, um dieselben dann in Fig. 23 völlig verschwinden zu lassen, sowie die Thatsache, dass er die den inneren Petalen supponirten Staminalhöcker et^o in den Abbildungen aller späteren Entwickelungsstadien widergibt. Im übrigen geht aus der Figurenerklärung auf pag. 668 ad Fig. 23 deutlich hervor, dass Payer die Blüthe von Calanthe veratrifolia auch so auffasst, wie er es durch seine geradezu herrlichen Abbildungen darstellt. Seine Worte sind folgende: „et^o étamines du deuxième verticille qui deviennet connées avec l'étamine fertile. Quant aux deux étamines et^a du verticille externe, elles ont complètement disparu.“ Hätte daher Van Tieghem die Zeichnungen Payer's mit dem Texte verglichen oder hätte er neben dem Texte nur noch die Figurenerklärung gelesen, dann wäre ihm der Widerspruch in der Payer'schen Arbeit nothwendig aufgefallen und er hätte unmöglich Payer missverstehen können.

Lange Zeit war es für mich unergründlich, wie Eichler[1]) in seinem „Blüthendiagramme“ auf die Idee kommen konnte: Es habe Payer auf Grund der Entwickelungsgeschichte von Calanthe veratrifolia die „Auriculae“ aufgefasst als zusammengesetzt[2]) aus den paarigen Gliedern des äusseren, sowie des inneren Staminalkreises.

Es erklärt sich nun dieser historische Irrthum Eichler's nur dadurch, dass man annimmt, er habe bei Lektüre von Van Tieghem's anatomie comparée de la fleur auf pag. 143 nach Van Tieghem's Citat der Payer'schen Worte: „Les deux étamines superposées aux divisions antérieures du périanthe interne avortent presque aussitôt leur naissance et l'on n'en trouve plus le moindre vestige lors de l'anthèse“ sich die Gänsefüsschen weiter gedacht und so die eigenen Worte Van Tieghem's: „Ces étamines disparessent en effect, mais c'est en se fusionnant avec les voisins pour former une étamine sterile inter mediaire“ ebenfalls als Worte Payer's aufgefasst.

Gérard,[3]) welcher Payer auf folgende Weise interpretirt: „D'après lui (Payer) les deux mammelons latéraux inferieurs[4]) dis-

1) loc. cit. 184.

2) Von einer solchen Zusammensetzung macht Payer, wie man aus dem vorbin angeführten Citat ersieht, absolut nicht die geringste Audeutung.

3) loc. cit., pag. 132.

4) Man muss wissen, dass Gérard sich die Blüthe nicht resupinirt dachte und mit „mamelons latéraux inferieurs“ die paarigen dem inneren, unter „les

paraîtraient de bonne heure. Les deux latéraux supérieurs persisteraient plus longtemps et donneraient par conséquent naissance aux staminodes", hat es ebenfalls versäumt, Payer's Zeichnungen zu studiren und mit dem Texte zu vergleichen und so hat auch er Payer völlig missverstanden und denselben falsch interpretirt.

IV. Ueber Epipactis.

Unsere einheimische Flora weist aus dieser Gattung nur zwei Arten auf: Epipactis latifolia und Epipactis palustris.

Während ich die erstere in grosser Anzahl mitten unter Goodyera in den bischöflichen Waldungen (Fürstenwald) zu Chur antraf, hatte ich reiche Gelegenheit, Epipactis palustris im Isarthal längs der Isar zu sammeln. Dass wir es hier mit zwei deutlich getrennten Arten zu thun haben, hat Irmisch in weitläufiger und correcter Beschreibung nachgewiesen. Bezüglich der übrigen bei uns einheimischen Epipactisarten lasse ich es dahin gestellt, sie als wirkliche Arten zu betrachten oder nicht.

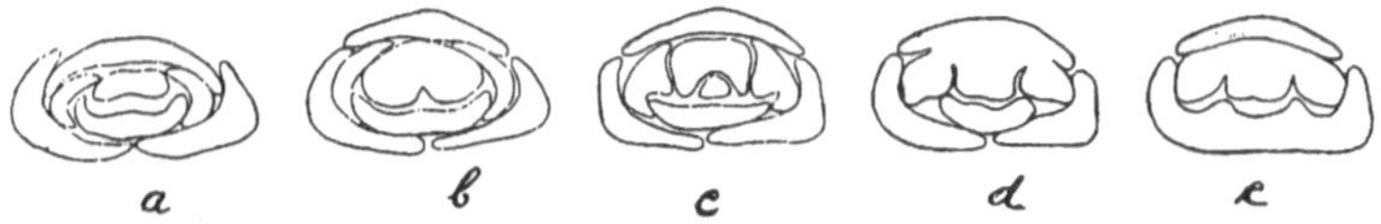

Fig. 7. Verschieden hohe Querschnitte durch Epipactis; junge Blüthe.

Was nun die morphologisch diagrammatische Deutung der Epipactisblüthe anlangt, so hat Irmisch, welcher zuerst die Epipactisblüte genauer studirte, sich geirrt. Irmisch nimmt nämlich an, es gehören die beiden bei Epipactis auftretenden Staminodien, gleich wie die fertile Anthere, dem äusseren[1]) Staminalkreise an und begründet diese Annahme dadurch, dass bei Epipactis es nicht zu verkennen sei, dass die Richtung der Staminodien gerade so wie es die paarigen Kelchblätter thun, nach vorne hingehe.

Entwickelungsgeschichtlich hat erst Pfitzer[2]) gezeigt, welchem Staminalkreise die Staminodien angehören. Pfitzer's Abbildungen (T. IV 8—10) zeigen, dass die Staminalanlagen innere sind und nicht, wie Irmisch annahm, äussere.

---

deux latéraux supérieurs" die paarigen dem äusseren Staminalkreis angehörigen Staminalanlagen verstanden wissen wollte.

1) loc. cit. pag. 453, 460.

2) loc. cit.

Der Umstand, dass Pfitzer pag. 173 ausspricht: „die Blüthe hat sich inzwischen an der Spitze geschlossen, so dass man für die älteren Stadien auf successive Schnitte angewiesen ist“ hat mich veranlasst, die Blüthenentwickelung von Epipactis neben der Fertigung von Querschnitten noch auf eine andere Methode zu verfolgen. Ich habe Blüthen von den verschiedensten Entwickelungsstadien mit der Nadel unter dem Mikroskop präparirt und konnte sehen, dass die Staminalanlagen a_1 und a_2, rundliche Höcker, stets mit der Basis der inneren Petalen innig verwachsen waren. Fig. T_1, T_2, T_3 stellen drei solcher Blüthenknospen verschiedenen Alters dar. Wie man daran ersieht, behält eine solche Blüthe sehr lange ihre ersten Organisationsverhältnisse bei, so dass ziemlich alte Stadien sich von sehr jungen nur durch die grössere Gestalt der äusseren Blüthenbestandtheile unterscheiden. An meinen Querschnittfiguren[1]) (ich habe die in Pfitzer's Arbeit fehlenden Schnitthöhen gegeben) erkennt man auf den ersten Blick das oben angeführte Verhalten. Die Weiterentwickelung des Labellums habe ich nicht verfolgt. Soviel aber ausgebildete Blüthen erkennen lassen, hat Pfitzer Recht, wenn er annimmt, dass das Mesochylium mit einer Achsenbildung nichts zu thun hat.

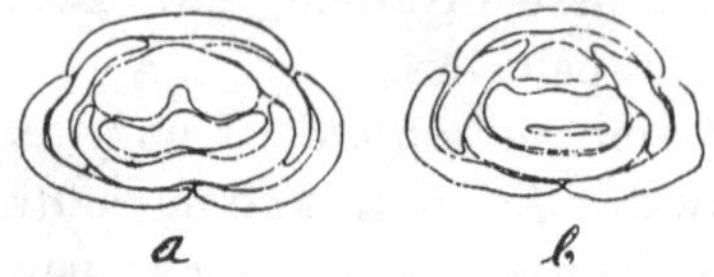

Fig. 8. *a* hochgehender, *b* tiefgehender, die Carpelle treffender Schnitt. Aeltere Blüthe v. Epipactis.

V. Ueber Mikrostylis monophyllos. (Malaxis monophyllos.)

In welchem verwandtschaftlichen Grade diese Pflanze mit der vorhin behandelten steht, vermag ich nicht zu entscheiden. Pfitzer beschreibt dieselbe in Engler & Prantl gemeinschaftlich mit Coralliorhiza unter der Abtheilung der Monandrae — Liparidinae.

Auf pag. 130 schreibt genannter Autor Mikrostylis eine kurze Säule zu mit zwei grossen Staminodien rechts und links, welche durch das Rostellum verbunden sind. Pfitzer theilt bezüglich der Auffassung dieser zwei Gebilde offenbar die Vermuthung Brown's, Endlicher's und Darwin's. Entwickelungsgeschichtliche Arbeiten über diese Pflanze[2]) liegen bis dato nicht vor. Wie mich nun die

---

1) Fig. 7*a*, *b*, *c*, *d*, *e* und Fig. 8*a*, *b*.

2) Das schöne Material verdanke ich der Güte des Herrn Glaab, botan. Gärtner in Salzburg.

entwickelungsgeschichtliche Untersuchung belehrt, sind die beiden spitzigen Gebilde neben der Anthere wirklich Staminodien und zwar gleichwie bei Epipactis palustris und latifolia Staminodien des inneren Staminalkreises.

VI. Ueber Listera, Neottia und das Clinandrium.

Um zunächst dem Ausdrucke Clinandrium eine bestimmte Bedeutung zu geben, will ich im Folgenden unter Clinandrium jenen Theil in einer Orchideenblüthe verstehen, welchen wir hinter dem Staubblatt als ein dessen Rückseite völlig aufgelagertes Gebilde antreffen. Diese meine Begrenzung von Clinandrium deckt sich keineswegs mit der Auffassungsweise Darwin's und Wolf's. Während Darwin einfach unterschiedslos ganze Organcomplexe, staminodiale Gebilde sowie selbst die Ophrydeen-Auriculae als Clinandrium bezeichnet,[1]) deutet Wolf[2]) auf Grund seiner entwickelungsgeschichtlichen Untersuchung das Clinandrium als zu stande gekommen durch die Verwachsung zweier Staminodialanlagen. Man sieht, dass bezüglich der Natur dieses eigenthümlichen Gebildes bis dato noch keine klare und bestimmte Vorstellung geherrscht hat.

Als bestes und zugleich auch am leichtesten erhältliches Untersuchungsobject für die Lösung der Clinandriumfrage habe ich Listera ovata benutzt. Nur nebenbei bemerkt sei die Thatsache, dass Listera, deren ganze Blüthenentwickelung ich verfolgt habe, ausser dem fertilen Stamen in keiner Entwickelungsperiode weitere Staminalanlagen zeigt, somit eine typisch monandrische Form darstellt. Es hat sich daher die Ansicht Wolf's „dieses Plättchen (Clinandrium) wird gewöhnlich als das verlängerte Gynostemium bezeichnet, ich glaube jedoch, dass es eher aus den beiden Staminodien entstanden ist, wenigstens zum grössten Theil besonders da es ein sog. Androclinium bildet, was die Staminodien gerne thun“ als unrichtig herausgestellt. Das Clinandrium bei Listera ist nichts anders als ein Auswuchs des Antherenfilaments. Seine Entstehung ist die nämliche wie die des Oehrchens am Filament bei Cypripedium. An der Basis der Anthere, d. h. am Grunde des Filaments, entsteht eine ringförmige Anschwellung Fig. *Ua (Cl),* welche sich immer mehr entwickelt und so an dem Rücken der Anthere

1) Interessant ist Darwin's diesbezügliche Aeusserung l. c. auf pag. 184: „Nun lässt sich aber ein stufenweiser Uebergang von dem vollkommenen Clinandrium der Malaxis durch das von Spiranthes, Goodyera, Epipactis latifolia und E. palustris bis zu den kleinen und etwas abgeplatteten Oehrchen des Genus Orchis vollständig nachweisen.“

2) loc. cit.

hinaufwachsend dieselbe mehr weniger umhüllt. Die Analogie dieses eigentlichen Clinandriums mit jenem bei Cypripedium wird sofort klar, wenn man meine Zeichnung von Listera Fig. *Ua* und die von Cypripedium Fig. *E* mit einander vergleicht.

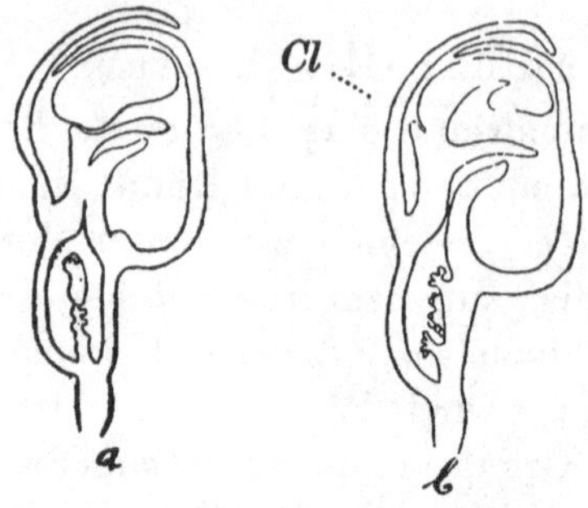

Fig. 9. Längsschnitte durch eine Blüthe von Neottia, bei *b* median getroffen.

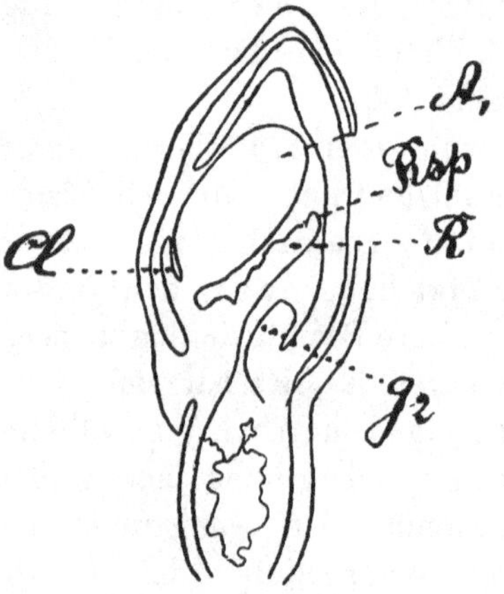

Fig. 13*b*. Medianer Längsschnitt durch Listera.

Darwin[1]), welcher in seiner Zeichnung von Listera ovata Fig. 18 dieses mein Clinandrium als „Columella-Scheitel" bezeichnet und dasselbe als „Ausbreitung [2]) des Gipfels der Columna" auffasst, hat ebenfalls die wahre Natur dieses Gebildes verkannt.

Wie ich oben schon gesagt habe, ist das Clinandrium ein Auswuchs des Antherenfilaments, also weder eine Verlängerung der Columna (Darwin) noch ein staminodiales Gebilde (Wolf).

Was ich von Listera gesagt habe, gilt fast ebenso auch von Neottia. Zwar wird Neottia ganz allgemein ein Clinandrium abgesprochen.[3]) Dieses kann man ja thun, wenn es sich nur um ein ganz oberflächliches Unterscheidungsmerkmal zwischen Listera und Neottia handelt; will man aber eine tiefere Kenntniss von Neottia erhalten, so muss man zur Entwickelungsgeschichte greifen, und man wird sehen, dass Neottia ebenso gut wie Listera [Fig. 13*b* (*Cl*)] ein Clinandrium anlegt und dasselbe auch weiter bildet. Ein medianer Schnitt (Fig. 9*b*) zeigt z. B. für die fertige Blüthe dieses bis jetzt verkannte[4]) Clinandrium sehr deutlich. Auf einem jungen Stadium ist

---

1) loc. cit. 87.

2) loc. cit. 88.

3) Pfitzer berichtet z. B. in Engler u. Prantl über Neottia: *A* und Rostellum ungefähr wie bei Listera, aber ohne häufiges Clinandrium etc.

4) Wenn ich auch in der Litteratur nirgends eine Andeutung des Clinandriums von Neottia angetroffen habe, so findet sich bei Hofmeister doch eine Zeichnung, welche das Clinandrium von Neottia deutlich widergibt.

dieses Clinandrium jenem von Listera sogar so ähnlich, dass man einen Unterschied in einer Zeichnung kaum andeuten könnte. Es mag daher die Zeichnung Fig. *Ua* von Listera auch für das gleich alte Entwickelungsstadium von Neottia gelten. Was das Auftreten weiterer Staminalanlagen anlangt, so gilt hier vollkommen, was für Listera angegeben wurde. Auch Neottia ist Monandrist in allen seinen Entwickelungsphasen.[1])

VII. Ueber Goodyera repens.

Anschliessend an Listera und Neottia will ich noch Goodyera kurz behandeln. Darwin[2]) schreibt über genannte Pflanze u. a. auch Folgendes: „Die Anthere wird von einem langen und breiten Staubfaden getragen, welcher beiderseits durch eine Haut an die Ränder der Narbe befestigt wird und eine Antherengrube oder Clinandrium bildet". Pfitzer[3]) spricht von einer „kurzen Säule mit häutigem Clinandrium, welches in das aufrechte Rostellum übergeht".

Darwin, welcher, wie wir gesehen, unzulässiger Weise alles Mögliche mit Clinandrium bezeichnet, hat hier insofern richtig beobachtet, als er von einer „Grube" berichtet. Was aber Pfitzer's „häutiges Clinandrium" anlangt, so ist nicht recht einzusehen, warum genannter Autor hiefür nicht die von ihm genau definirte[4]) Bezeichnung „Androclinium" anwendet, zumal der Ausdruck Clinandrium durch Darwin eine so vage Bedeutung erhalten hat.

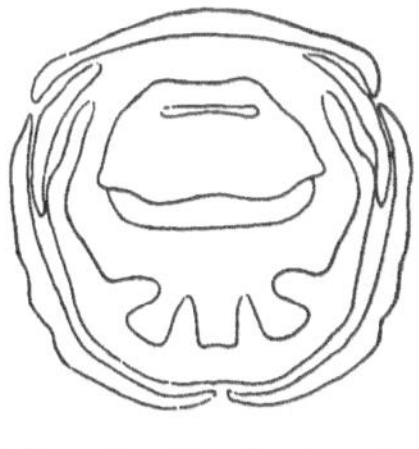

Fig. 10. Tiefgehender Querschnitt durch Goodyera.

Wir haben es hier überhaupt mit keinem Clinandrium[5]) zu thun. Das ganze Gebilde, welches zwischen Anthere und Rostellum liegt (die an die Ränder der Narbe befestigte Haut Darwin's), ist nichts anderes, als das die Anthere und den Stylus trennende, zu dessen beiden Seiten rechts und links wuchernde hautartige Stück der Achse.

Hermann Müller, welcher uns in seinem „Alpenblumen, ihre Befruchtung durch Insekten etc. 1881" eine Abbildung von Goodyera gibt, deutet zwei von ihm mit a^1 bezeichnete Gebilde als Rudimente

---

1) Gerard's anatomisches Diagramm für die Neottieen ist nach entwickelungsgeschichtlichen Befunden vollkommen irrig.

2) loc. cit. pag. 71.

3) Engler u. Prantl pag. 117.

4) Engler u. Prantl pag. 68.

5) Clinandrium i. e. S. d. h. nach der oben von mir gegebenen Definition.

des 2. und 3. Staubgefässes. Die Entwickelungsgeschichte lehrt aber, dass ausser der fertilen Anthere keine weiteren Staminalanlagen gebildet werden.

Die Müller'schen a^1 können erst in einem sehr alten Blüthenentwickelungsstadium gesehen werden und erklären sich als zu stande gekommen durch das Weiterwachsen der von der Anthere im Wachsthum nicht gehinderten Theile des vorhin erwähnten häutigen Achsenstückes.

Des eigenthümlichen Rostellums von Goodyera werde ich in einem besonderen Kapitel noch gedenken, hier will ich nur noch anführen, dass das Labellum unserer einheimischen Goodyera auf seiner Innenseite stets von vier Leisten längs durchgezogen ist. Fig. 10 zeigt dieselben im Querschnitt getroffen. Auch auf dem Längsschnitt (Fig. 11*b*)[1]) kann man eine solche Leiste deutlich sehen.

VIII. Ueber das Rostellum und die paarigen Carpelle.

Es würde viel zu weit führen, wollte ich den geschichtlichen Gang, welchen die Erkenntniss von der Rostellumnatur durchgemacht hat, hier vollständig anführen. Ich verweise bezüglich der älteren Litteratur auf Brown's „Beobachtungen über die Befruchtungsorgane und die Art der Befruchtung bei den Orchideen“, in welcher Schrift Brown von Haller (1760) angefangen bis auf seine Zeit (1831) alle Theorien über diesen Punkt sorgfältig behandelt.

Brown selbst hat die Natur des Rostellums wohl richtig erkannt, denn er schreibt: „Zu diesem vorderen oder — wie er gewöhnlich in der entfalteten Blume erscheint — zu diesem oberen Lappen gehören stets die Drüsen, an welche sich die Pollenmassen anhaften“. Er hat sehr wohl zu unterscheiden gewusst zwischen dem mittleren Carpellblatt (Rostellum) und den „beiden seitlichen Lappen oder Narben, die in verschiedenem Maasse der Ausbildung stets zugegen und wenn anders das Ovarium gehörig ausgebildet ist, auch fähig sind, ihre Function zu verrichten“.[2])

Deutlicher als R. Brown hat sich L. Cl. Richard[3]) über das Rostellum und die Bursicula ausgesprochen.

Er berichtet: „Summa stigmatis pars ultra gynizum protrahitur in processum etc.“, sowie „qualitercumque vero sese habet, summi

1) Diesbezügliche Zeichnung siehe später.
2) loc. cit. 140.
3) De Orchideis europaeis annotationes. 1817.

stigmatis processus sive in rostri speciem attenuatus reclinetur, sive in laminam sursum excurrat, sive demum induat apiculi formam nomine rostelli ubique signetur cum ubique ex eadem varie modificata proveniat parte".

H. G. Reichenbach[1]) schliesst sich diesen Ausführungen Richard's an. Auch seine Angaben über die Bursicula stimmen mit denen Richard's ziemlich überein.

Hofmeister und Wolf endlich haben die Kenntniss des Rostellums so weit gefördert, dass eine Neubearbeitung dieses Themas nur relativ wenig neue Resultate liefern kann. Das wenige, welches ich in Bezug auf das Rostellum zu sagen habe, bildet lediglich eine Ergänzung der Angaben Wolf's und Hofmeister's.

Was zunächst das Rostellum von Listera betrifft, so ist zu erwähnen, dass schon vor den beiden letztgenannten Autoren J. D. Hooker[2]) dieses Gebilde studirt hat. Wie aus seinen Worten[3]) und Abbildungen klar hervorgeht, dachte sich Hooker das Rostellum gebildet aus einer Anzahl in einer Fläche liegender langprismatischer Fächer, deren Inhalt auf früheren Zuständen eine zellige Struktur zeigt.

Diese etwas unvollkommene Anschauung Hooker's fand ihre Correctur durch Hofmeister, welcher richtig erkannt hat, dass die der Anthere zugekehrte Seite vollständig eingenommen wird von einer Gruppe in einer Ebene liegender langgestreckter Zellen, 16—20 an der Zahl, die etwa 20 Mal so lang als breit und hoch sind. Mit dieser Beobachtung stimmen auch die Angaben Wolf's überein.

Wolf sowohl als Hofmeister erwähnen dann auch noch der eigenthümlichen Rostellumspitze. Hofmeister spricht von papillösen Ausstülpungen, welche die grossen Zellen auf der Rostellumoberseite treiben und bis an den Vorderrand des Rostellums reichen. Wolf nennt die gleichen Gebilde: zapfenähnliche Auswüchse, welche diese langen Zellen am oberen Ende gegen die Spitze des Rostellums bilden. Es deckt sich somit die Ansicht dieser beiden Botaniker. Auch ich habe das Gleiche gefunden und möchte nur noch ein weiteres Resultat meiner Untersuchung betreffs der Rostellumspitze hier anführen.

Ich bemerkte an der Spitze des Rostellums einen Complex kleiner Zellen, welche mit Plasma erfüllt sind und einen relativ grossen

1) De Pollinis Orchidearum Genesi Ac Structura etc., 1852, pag. 17.

2) Ann. des scie. nat. 1858 pag. 85—90.

3) En coupant transversalement le Rostellum on peut voir qu'il est entièrement formé de loges longitudinales, paralleles est continues, qui correspondent au nombre des stries de la surface etc.

Zellkern[1]) besitzen. Fig. 12 und Fig. 13a[2]) möge dieses demonstriren. An diesem, man kann sagen ausgebildeten Stadium (es fehlen circa 4 Tage bis zum Aufblühen) des Rostellums kann man deutlich erkennen, dass den kleinen Zellen an der Spitze ein von den langen Zellen verschiedener Charakter eigen ist.

Ich schreibe diesen kleinen Zellen an der Rostellumspitze daher eine besondere Bedeutung zu und werde darauf zurückkommen bei Besprechung des Rostellums von Goodyera.

Hier sei in Kürze bemerkt, dass alles, was ich vom Rostellum von Listera gesagt habe, auch für Neottia gilt.

Ueber den Inhalt der langen Zellen berichtet Hofmeister, dass er bestehe aus einem relativ kleinen Zellkern und einer kugeligen bläschenähnlichen, gegen die stärksten Säuren und Alkalien sehr indifferent sich verhaltenden Substanz. Wolf dagegen behauptet, dass der feinkörnige Inhalt dieser Zellen durch Jod und Schwefelsäure als solcher verschwinde, so dass der ganze Inhalt ein eigenthümliches maschiges Aussehen annehmen.

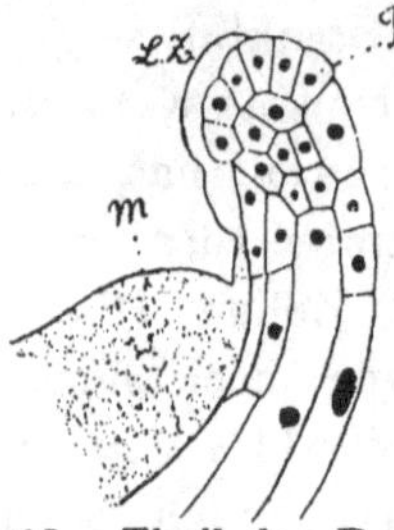

Fig. 12. Theil des Rostellum von Listera.

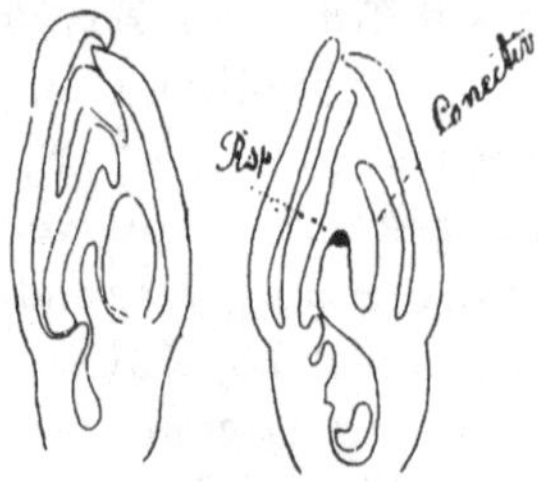

Fig. 13a. Längsschnitte durch junge Listerablüthen. Schnitt rechts ist median getroffen.

Ich konnte den Inhalt der langen Rostellumzellen nicht prüfen, da ich bei meiner Untersuchung nur auf Alkoholmaterial angewiesen war. Die vorhin genannte maschige Struktur des Zellinhaltes, welche ich an meinen Präparaten sehr schön beobachten konnte (Fig. 12 *m*) hätte ich, wären mir nicht die Arbeiten Hooker's, Hofmeister's und Wolf's[3]) vorgelegen, als fixirte Vacuolen gedeutet oder als eigenthümliche Plasmastruktur.

Für die richtige Auffassung der oben erwähnten kleinzelligen Rostellumspitze von Listera und Neottia finden wir bei Goodyera einen Fingerzeig. An der ausgewachsenen Blüthe dieser zierlichen

1) Bei Tinction färbt sich dieser Zellkern im Gegensatz zu den Kernen in den langen Zellen sehr intensiv.

2) Ein jüngeres Knospenstadium zeigt Fig. 13a.

3) Genannte Autoren konnten frisches Material untersuchen.

Alpenpflanze erkennt man auf einem medianen Längsschnitt oben an der Rostellumspitze einen Gewebekörper, welcher durch die Regelmässigkeit seiner Zellen, sowie bei künstlicher Färbung mit Hämatoxylin durch die starke Blaufärbung der verdickten Zellmembranen sehr auffallend in die Erscheinung tritt.

Verfolgt man nun entwickelungsgeschichtlich diesen Zellkörper, dann wird man die Ueberzeugung gewinnen, dass wir es hier bei Goodyera mit einem ähnlichen, ja vielleicht gleichen Gebilde zu thun haben, wie dort bei Listera und Neottia, wo wir das kleinzellige Gewebe an der Rostellspitze beobachtet haben. Die Entstehungsweise ist hier wie dort die nämliche, in beiden Fällen ist es ein Theil der Zellen an der Rostellspitze, welcher schon frühzeitig durch sein eigenthümliches Verhalten (öftere Zelltheilung und infolge dessen Zustandekommen kleinerer Zellen) sich von den Zellen des übrigen Rostellums auszeichnet. Während jedoch bei Goodyera die Rostellumspitze, d. h. dieser vorhin genannte Gewebekörper, eine ansehnliche Grösse erreicht [wie man aus meiner Zeichnung (Fig. 11 *b*, 14) sieht, besteht derselbe aus mindestens 30 grösstentheils reihig angeordneten Zellen[1])], finden wir bei Listera und Neottia ein Gewebe von gewöhnlich nur vier oder fünf Zellen. Von der mehr oder weniger starken Ausbildung dieses in meinen Zeichnungen mit *rsp* bezeichneten Gebildes hängt auch die Energie seiner Function ab. Es steht fest, dass bei Goodyera diese eigenthümliche Rostellspitze bei Entfernung des Pollens eine sehr grosse Rolle spielt. An blühenden Pflanzen konnte ich mich überzeugen, dass dieser mehrmals erwähnte Zellkörper bei Berührung sich sehr leicht vom übrigen Rostellum abtrennt und dann auch regelmässig den Pollen mit sich nimmt.[2])

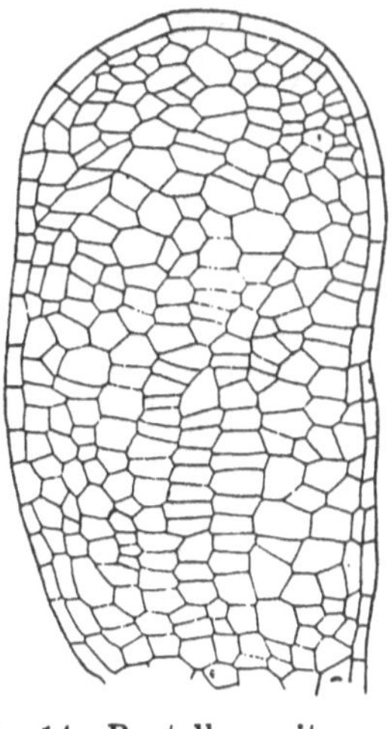

Fig. 14. Rostellumspitze von Goodyera. Zellinhalt ausgewaschen.

Die Rostellspitze von Listera und Neottia zeigt nach Hofmeister und Wolf ein ähnliches Verhalten, wie ich es eben für Goodyera angegeben habe. Der Umstand nun, dass uns die Entwickelungsgeschichte gezeigt hat, dass die in den oben genannten

1) Natürlich auf dem medianen Längsschnitt.

2) Der übrig bleibende Theil des Rostellums gleicht einer emporragenden Gabel, ein Verhalten, welches schon von Darwin richtig erkannt wurde.

Fällen beschriebene Rostellspitze eine gleiche Entstehungsweise hat, wird jeden Zweifel über die morphologische Gleichheit (Homologie) dieses Gebildes bei Listera, Neottia und Goodyera beseitigen.

Bezüglich des Rostellums bei den Ophrydeen habe ich den Ausführungen W o l f ' s nichts beizufügen.

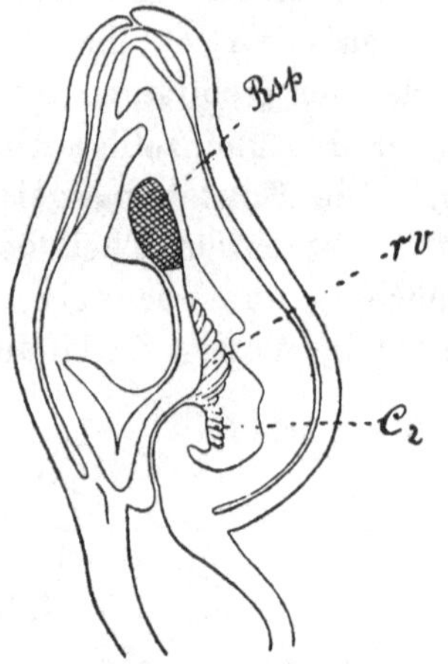

Fig. 11*b*. Medianer Längsschnitt durch eine entwickelte Blüthe von Goodyera.

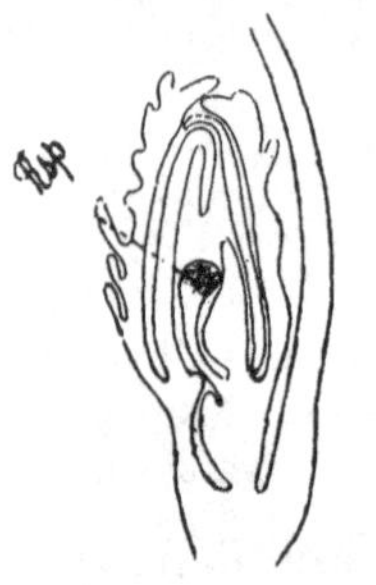

Fig. 11*a*. Medianer Längsschnitt durch eine junge Blüthe von Goodyera.

Es erübrigt mir nur noch einiges über die p a a r i g e n C a r p e l l e (Narben) mitzutheilen. In der ganzen Orchideenlitteratur von H a l l e r angefangen bis und mit dem zuletzt erschienenen Opus: „Orchidaceae von E. P f i t z e r" in „Natürliche Pflanzenfamilien von E n g l e r und P r a n t l" geht wie ein rother Faden die irrige Auffassung durch, es besässen die Orchideen nur z w e i Narben. Das dritte und unpaare Carpell (Rostellum) hat nach dem Glauben aller Autoren seinen Narbencharakter völlig verloren. Zur Widerlegung dieser Auffassung gebe ich folgende das Gegentheil beweisende Thatsachen:

1. Ein Längsschnitt durch die Blüthe von Epipactis palustris zeigt die Rostellumvorderseite, d. h. die von der Anthere abgewandte, bis zur Rostellumspitze mit Narbenpapillen bedeckte Papillen, welche sich von jenen der paarigen Narben durch nichts unterscheiden lassen.[1])

2. Ein Längsschnitt durch eine Blüthe von Goodyera (Fig. 11*b*) zeigt ausser der mit Papillen besetzten Carpellspitze c_2 die Rostellumvorderseite *rv* bis zur halben Höhe mit ebendenselben Papillen besetzt. Hiezu jüngeres Stadium siehe Fig. 11*a*.

3. Bei Gymnodenia und Orchis latifolia, welche ich als Vertreter der Ophrydeen besonders auf das Verhalten der Narben untersucht habe, hat das Rostellum am meisten von seinem Narbencharakter verloren. An ganz dünnen Schnitten fällt es jedoch gar nicht schwer,

1) H o f m e i s t e r hat diese Papillen in seiner trefflichen Zeichnung wiedergegeben, ohne dieselben im Texte irgendwie zu erwähnen.

auch da am dritten Carpellblatt resp. an dessen Basis die Eigenschaft der ursprünglichen Narbe wieder zu erkennen. Verfolgt man nämlich das Rostellum von seiner Spitze gegen die Basis, dann sieht man, dass auch hier die Narbenpapillen vorhanden sind und zwar in der gleichen Ausbildung, wie man dieselben auch an den paarigen Carpellspitzen antrifft.

Ganz vermisst habe ich dagegen die Narbenpapillen am Rostellum von Neottia und Listera.

Es ist bekannt, dass die Ophrydeen sowie unter den Neottieen Goodyera den Pollen in Packetchen bilden, die übrigen Neottieen dagegen, wie Neottia, Listera und Epipactis, Pollentetraden besitzen. Man könnte sich daher denken, es stehe die mehr weniger narbenähnliche Ausbildung des Rostellums in irgend einer Correlation mit der Beschaffenheit des Pollens. Der Umstand jedoch, dass Epipactis obwohl Pollentetraden besitzend, dennoch ein so starkes, ja das stärkste papillöse Rostellum besitzt, während Neottia und Listera mit den gleichen Pollen versehen der Narbenpapillen am Rostellum völlig entbehrt, macht es mir unmöglich, eine solche Correlation zu erkennen. Die Zweckmässigkeit des papillenreichen Rostellums von Epipactis ist sehr leicht einzusehen.

Wie schon Darwin beobachtet hat, entleert die Anthere ihren körnigen Pollen bereits vor der Anthese. Es muss daher für die Befruchtung der Tausenden von Samenanlagen von grossem Vortheil sein, wenn dem Pollen eine möglichst grosse Narbenoberfläche für dessen Empfang und Aufkeimung dargeboten wird.[1])

Unklar ist mir die Bedeutung jener Schicht lang gestreckter Zellen bei Listera und Neottia.

IX. Ueber den unterständigen Fruchtknoten bei den Orchideen.

Nachdem die irrige Ansicht Van Tieghem's[2]) und Lindley's[3]) durch Eichler[4]) beseitigt war, bezeichnete Pfitzer[5]) den unter-

1) Besonders vortheilhaft für die Befruchtung ist diese Einrichtung dann, wenn aus irgend einem Grunde (schlechte Witterung, Mangel an Insekten) kein Insekt Gelegenheit hatte, die durch Viscinfäden mit einander verbundenen Pollentetraden zum Zweck der Fremdbestäubung entfernen zu können, so dass der durch Vertrocknen der Viscinfäden staubartig gewordene Pollen direct (selbst befruchtend) von den Narben aufgefangen werden kann.

2) Van Tieghem nimmt an, es bestehe der einfächerige Fruchtknoten der Orch. lediglich aus drei mit ihren Rändern verwachsenen Carpellen.

3) Lindley nimmt sechs Fruchtblätter an, von welchen nur drei Placenten besitzen.

4) loc. cit. pag. 49, 50.

5) Morphologische Studien über die Orchideenblüthe, 1886, pag. 7—10.

ständigen Fruchtknoten der Orchideen als einen hohlen Blüthenstiel, an dessen Innenseite die Ränder der drei Carpelle als samentragende Wülste herablaufen. Das Zustandekommen dieses Fruchtknotens denkt sich genannter Autor auf folgende Weise: „Die Achse wird früh flach becherförmig. An der inneren Böschung erscheinen die drei Carpelle als abwärts concav bogige Wülste. Erst durch eine spät erfolgende nachträgliche Streckung der unteren Hälfte des flachen Bechers, in welcher nur die herablaufenden Spitzen jener Wülste enthalten sind, kommen die langezogenen Placenten des fertigen Fruchtknotens zu stande."

Die Ansicht Goebel's [1]) über den unterständigen Fruchtknoten deckt sich mit der obigen Auffassung von Pfitzer nicht ganz. Nach Goebel ist die Fruchtknotenhöhlung durchgehends gebildet durch die Aushöhlung der Blüthenachse selbst, von welcher sich der untere Theil des Fruchtknotens nicht abgliedert. So weit meine Beobachtungen reichen, ist das von Goebel angegebene Verhalten auch für den unterständigen Fruchtknoten der Orchideen zutreffend.

X. Ueber die Wurzel der Orchideen.

Die morphologische Deutung der Ophrydeenwurzel hat im Laufe der Zeit nicht weniger Variationen erfahren, als die der Blüthe. Ohne eine vollkommene historische Darstellung dieser Frage geben zu wollen, möchte ich dennoch der wichtigsten diesbezüglichen Arbeiten gedenken. Nach einer historischen Zusammenstellung der älteren Litteratur von D. Clos [2]) 1849 hatte eine grosse Anzahl der Autoren die Orchideenwurzel aufgefasst als einfache Wurzel: De Candolle, Organogr. I, 254, A. d. St. Hilaire, Morphol. 124, A. de Jussieu, Elem. 100, Lindley, Introd. to Bot. 4⁰ edit. I, 339.

Ein anderer Theil der Botaniker dachte sich diese Wurzel als zu stande gekommen durch Verwachsung mehrerer Wurzeln: Treviranus, Physiol. I, 368, Le Maout, Leçon elem. II, 530, Gosson et Germain, Flor de Paris II, 549.

Nach den Angaben von Clos waren es Richard (Elem. 7⁰ ed. 63) und Schleiden [Grundzüge der Botanik [3])], welche über die Natur der Orchideenwurzel eine andere und wesentlich verschiedene Ansicht äusserten. Waren dieselben nach des ersteren Auffassung, „des ramaux de la souche" so bedeutet die Ophrydeenknolle nach Schleiden [4]): „morphologisch entschieden keine Wurzel, physiologisch höchst wahrscheinlich auch nicht". Clos selbst fasst die Ophrydeenknolle auf als verbreitertes blattloses Sprossstück (les tubercules d'orchis, provenant de gemmation, sont dus à un commencement aphylle de rameau très dilaté) und denkt sich die handförmige Knolle als zu stande gekommen durch einfache

1) Vergleichende Entwickelungsgeschichte der Phanerogamen, 1881, pag. 324.

2) Ann. de scie. nat. 1849.

3) pag. 214.

4) l. c.

Theilung dieses verbreiterten Sprossstückes. Die Ansichten dieser drei letztgenannten Autoren stimmen im Wesentlichen mit einander überein.

Mit dieser Auffassung der Orchideenknolle sehr nahe verwandt ist auch die Anschauungsweise Faber's[1]), welcher annimmt, dass die „tubercules ovoides des ophrydées" ebenso wie die „tubercules palmés" auf gleiche Weise aus einem, wie Faber sich ausdrückt: „noyau évulsé de la partie centrale et terminale d'un axe" entstehen.

Die Untersuchungen Faber's bedeuteten einen Rückschritt in der Erkenntniss der Natur der Ophrydeenknolle. Weit besser war diese Frage schon durch Irmisch[2]) gelöst worden. Irmisch hat geglaubt, dass die Knolle der Ophrydeen ebenso wie gewöhnliche Nebenwurzeln entstehen und deutete dieselbe als: „eine frühzeitig aus der Knospenaxe unterhalb der vorderen oder Scheidenseite des ersten Blattes hervorbrechende und fleischig anschwellende Nebenwurzel (oder in manchen Fällen vielleicht eine Verbindung mehrerer, aber gleich anfänglich verschmelzender Nebenwurzel)".

Dieser, wie wir sehen werden, zum grössten Theil richtigen Erklärung Irmisch's steht eine andere, diejenige von Schacht,[3]) entgegen. Schacht gibt an: „Die Orchisknolle entsteht nämlich in allen Fällen durch ein Zusammentreffen einer Stammknospe mit einer Wurzelknospe und durch eine gemeinsame Ausbildung beider zu einem Ganzen".

Es fällt geradezu schwer, sich diesen Vorgang vorzustellen. Ich erkäre mir ihn auf gleiche Weise wie schon Prillieux[4]) sich denselben nach den Schacht-schen Worten erklärt hat, nämlich so, dass nach der Meinung Schacht's aus der Mutterpflanze heraus einmal eine Knospe sich bilde, genau unter dieser Knospe noch eine Adventivwurzel, welche dann beide mit einander weiterwachsend „zu einem Ganzen werden". Abgesehen davon, dass die Entwickelungsgeschichte von einer getrennten Anlage von Knospe und, wie Schacht sich ausdrückt, „Wurzelknospe" absolut nichts erkennen lässt, ist auch die ganze Art und Weise dieser Vorstellung an und für sich eine höchst mangelhafte.

Ed. Prillieux erklärt in fast allen Punkten die grosse Genauigkeit, mit welcher Irmisch gearbeitet hat, erkannt zu haben.

Mit diesem Urtheil von Prillieux stimme ich vollkommen überein und ich will im Folgenden nur kurz auf Grund eigener Untersuchungen die Entwickelungsgeschichte unserer Ophrydeenknollen schildern.

Die junge Knospe entsteht bei Gymnadenia z. B. in der Achsel des zweiten schuppenförmigen Blattes. Auf dem ersten Entwickelungsstadium erkennt man an der jungen Knospe ausser dem[5]) von der Stammpflanze herkommenden Gefässbündelstrang keine weitere histologische Differenzirung.

Ueberall, sowohl in den jungen Blattanlagen an der Spitze der Knospe wie auch an der Knospenbasis, befindet sich meristematisches Gewebe. Die erste und

---

1) Annales des scie. nat. 1855 und 1856.

2) Morphol. der Kn. und Zw.-Gew. 1850 u. Beiträge z. Biol. und Morphol. d. Orch. 1853.

3) Beiträge zur Anatomie und Physiologie der Gewächse 1854, pag. 115—147.

4) Ann. de scie. nat. 1865.

5) Es können aber auch mehrere sein.

hauptsächlichste Veränderung, welche man an einer solchen jungen Knospe sehen kann, ist die Bildung feiner Gefässbündelstränge, welche sich an die in die junge Knospe führenden Bündelstränge (welche letztere von der alten Pflanze herkommen) anschliessen, sowie das Entstehen einer Epidermis und Wurzelhaube, welche beide mehrere Zellschichten unter der morphologischen Aussenseite aus dem meristematischen Gewebe der Knospe sich bilden.

Man unterscheidet nun an der jungen Pflanze zwei Theile: eine Epidermis mit Wurzelhaube, welche eine beliebige Zahl von Gefässbündelsträngen und das dieselben trennende Parenchym umgibt, und eine Wurzeltasche, d. h. jenen Theil der jungen Knospe, welcher ausserhalb der Epidermis und Gefässbündelanlagen gelegen war. Einzelne Complexe des Wurzelvegetationspunktes bleiben im Wachsthum zurück.[1]) Indem andere allein weiter wachsen, theilt sich der zuerst einfache Vegetationspunkt in mehrere Vegetationspunkte. Je nachdem unter der Theilungsstelle des Vegetationspunktes ein oder mehrere Gefässbündelstränge gemündet hatten, besitzen die nun abgetheilten und selbständig weiterwachsenden Vegetationspunkte ebenfalls ein oder mehrere solche Gefässbündelstränge. Jeder Theilvegetationspunkt bildet nun eine Epidermis und Wurzelhaube für sich und erscheint an der handförmigen Gymnadeniawurzel z. B. als einzelner Finger an einer gemeinsamen Basis.

Die handförmige Orchideenwurzel stellt offenbar ein weiter fortgeschrittenes Entwickelungsstadium der einfachen Knolle dar. Denn bleibt die Orchideenwurzel auf jenem Stadium stehen, in welchem die Epidermis eine Mehrzahl von Gefässbündelsträngen umgibt, ohne dass der Vegetationspunkt sich theilt[2]), dann erhalten wir die einfache knollige Wurzel, wie man sie z. B. bei Orchis Morio erkennen kann.

Das Verhalten der Wurzel bei Platanthera ist ein mit dem von Orchis Morio ganz ähnliches. Auch hier ist die Wurzel für gewöhnlich eine einfache Knolle, nur dass hier die Knolle nicht ovoid verbleibt, sondern sich in eine langgezogene Spitze auszieht.[3])

Ueber den anatomischen Bau der knolligen und der handförmigen Orchideenwurzel hat Irmisch im Allgemeinen richtige Angaben gemacht. Irmisch spricht jedoch von Gefässbündeln des Knollenastes, welche aneinander rückend sich ganz allmählich verbinden. In Wirklichkeit handelt es sich aber nicht um Gefässbündel, sondern um Gefässbündelstränge, welche sich mit einander ver-

---

1) Die Entstehung der handförmigen Wurzel liesse sich auf Grund meiner Präparate auch dadurch erklären, dass einzelne Stellen der Wurzelepidermis neue Theilungen eingehen, so dass die einzelnen Finger der handförmigen Wurzel exogen entstandenen Wurzeln entsprächen.

2) resp. die Wurzelepidermis neue Theilungen eingeht; siehe vorausg. Anm.

3) Ich habe einen interessanten Fall einer Platantherawurzel gefunden, nämlich eine Wurzel, deren Knolle in neun einzelne Wurzelzasern ausläuft. Diese verhalten sich bezüglich der Zahl ihrer Gefässbündelstränge verschieden; während die einen an ihrer Spitze, sowie auch an dem mit der Knolle verbundenen Theil nur einen Gefässbündelstrang aufweisen, besitzen andere an ihrer Spitze nur einen, gegen die Knolle hin aber deren zwei, wieder andere endlich zeigen drei Gefässbündelstränge.

binden.[1]) Jeder Gefässbündelstrang ist von einer Endodermis umgeben und besitzt ein ausgebildetes Pericykel. Die Gefässbündelstränge sind polyarch gebaut und können in Bezug auf die Zahl ihrer Gefässbündel variiren.

Bezüglich der Vereinigung mehrerer Gefässbündelstränge ist das Verhalten bei den verschiedenen Ophrydeenwurzeln verschieden. Während die Bündelstränge bei Orchis Morio sich gar nicht vereinigen, sehen wir dieselben bei den handförmigen Wurzeln sich stets mehr oder weniger verbinden, ein Verhalten, welches auch der Wurzel von Platanthera gemein ist, wo im unteren Theil der Wurzelspitze die gleichen Vereinigungen stattfinden wie in den handförmigen Wurzeln, nur mit dem Unterschiede, dass an der Wurzelspitze zuweilen mehrere (2—3) Gefässbündelstränge angetroffen werden, die sich nicht vereinigt haben.

Knollig verdickte Wurzeln treffen wir auch bei Spiranthes. Auf den ersten Blick glaubt man sie für dasselbe Gebilde betrachten zu müssen, wie bei Gymnadenia, besonders, wenn man von der Ansicht befangen ist, es sei die Wurzel bei Gymnadenia eine Verwachsung mehrer Wurzeln. Es würden dann die einzelnen Wurzeln bei Spiranthes den Fingern bei Gymnadenia entsprechen. Dass dem nun nicht so ist, das zeigt die Entwickelungsgeschichte. Längsschnitte durch eine junge Knospe zeigen, dass die Wurzeln von Spiranthes echte, ganz auf die gewöhnliche Weise sich bildende Nebenwurzeln darstellen. Sie entstehen an der jungen Knospe durch ein grösseres oder kleineres Stück der Achse von einander getrennt zu zweien oder in Mehrzahl. Ueber ihren anatomischen Bau hat Irmisch alles richtig mitgetheilt, welcher Autor selbst zuerst die eigenthümliche velamenartig ausgebildete Epidermis bei Spiranthes beschrieben hat.

Die Wurzeln der übrigen Orchideen wurden von jeher als eigentliche Nebenwurzeln angesehen und zeigen dieselben kein vom normalen Typus der monokotylen Wurzel verschiedenes Verhalten.

Figurenerklärung zu Tafel XVI und XVII.

Häufig wiederkehrende Bezeichnungen:

S_1, S_2, S_3 äusserer Perigonkreis (Sepalen).
P_1, P_2, P_3 innerer Perigonkreis (Petalen).
A_1, A_2, A_3 äusserer Staminalkreis.
a_1, a_2, a_3 innerer Staminalkreis.
g_1, g_2, g_3 Carpelle.

Fig. *A*. Sehr junges Stadium von Cypripedium Calceolus. Die Carpelle noch nicht angelegt.

Fig. *B*. Etwas älteres Stadium der nämlichen Pflanze. Carpelle angelegt.

---

1) Die Art und Weise der Vereinigung ist ein eigentliches Verschmelzen. Es rücken zwei resp. mehrere Gefässbündelstränge immer näher zusammen. Die jedem einzelnen Strang eigene Endodermis verschwindet an der Vereinigungsstelle und es enthält der nun verschmolzene Gefässbündelstrang diejenige Zahl von Gefässbündeln, welche man in den beiden zuerst getrennten Gefässbündelsträngen zusammen hatte sehen können.

Fig. *C.* Die nämliche Pflanze. Die beiden Perigonkreise nur diagrammatisch eingezeichnet. Die fertilen Antheren a_1, a_2 wegpräparirt und deren Stellung mit $+a_1$, $+a_2$ bezeichnet. Nicht wegpräparirt ist das Staminodium (A_1), sowie die unpaare, später verschwindende Staminalanlage (a_3). Die Carpelle g_1, g_2, g_3 zeigen die Art und Weise ihrer ersten Verwachsung.

Fig. *D.* Sehr junges Stadium einer frei präparirten Blüthe von Cypripedium barbatum. Alle sechs Staminalanlagen zeigend. Die punktirt gezeichneten Kreislinien bei P_1, P_2 sollen die Lage andeuten, welche die Petalen P_1 und P_2 einnehmen, wenn sie mit der Nadel aufgehoben werden. S_2 und S_3 mit einander gänzlich verwachsen.

Fig. *E.* Eine Anthere von Cypripedium Calceolus, zeigt das spätere Gebilde *(h)* der fertigen Blüthe (conf. Fig. P_2 [*h*]) in seiner Anlage als Anschwellung *(h)* des Filaments.

Fig. *F.* Aelteres Stadium von Cypripedium Calceolus L. Der Schuh. A_1, a_1 a_2 Bezeichnung wie oben. Die Anschwellung *h* ist rechts und links als seitlich verlagerter Höcker am Grunde der Anthere zu sehen.

Fig. *G.* Staminodium einer entfalteten Blüthe von Cypripedium Calceolus. Erklärung pag. 19.

Fig. *H.* Staminodium A_1, das unpaare Glied des inneren Kreises a_3, sowie den Stylus g_1, g_2, g_3 (schon mehr verwachsen als in Fig. *C)* zeigend. Bezüglich *r* siehe Text pag. 22 unten.

Fig. *I.* Etwas ältere Blüthe. Das Staminodium A_1 abgetrennt. Die Verwachsung und Streckung des Stylus g_1, g_2, g_3 deutlich zeigend. Sonst wie vorige.

Fig. *K.* Blüthe von Cypripedium barbatum. Bezeichnung wie früher. Erklärung im Text pag. 25.

Fig. L_1. Anthere und Staminodium von der Seite (Cypriped. barb.).

Fig. L_2. Anthere, Staminodium und Stylus von vorne (Cypriped. barb.).

Fig. *M.* Staminodium *(f, r, f)* und die fertilen Antheren (Cypriped. barb.).

Fig. *N* u. *O.* Alle Perigone mit Ausnahme des Schuhes abgetrennt. *f, f,* Flügel (Hörner) des Staminodiums. Bezüglich *r* siehe Text pag. 26.

Fig. P_1. Gynostemium von Cypripedium barbatum von der Seite gesehen.

Fig. P_2. Gynostemium von Cypripedium barbatum von hinten gesehen. Bezeichnungen in beiden Figuren die bisher gebrauchten.

Fig. *Q.* Ganze Blüthe von Cypripedium barbatum von vorn gesehen.

Fig. *R.* Zwei mit einander verwachsene Antheren aus einer Blüthe von Orchis latifolia. Siehe Text pag. 42.

Fig. S_1. Anthere von Ophrys von hinten gesehen. „*au*“ Auricula.

Fig. S_2. Dasselbe von vorn.

Fig. T_1, T_2, T_3. Verschiedene alte Blüthen von Epipactis. Bezeichnung wie früher.

Fig. *Ua.* Junge Antheren von Listera, auf dem Rücken die Anlage des Clinandrium „*Cl*“ zeigend.

Fig. *Ub.* Aelteres Stadium. „*Cl*“ bedeckt schon zum Theil den Rücken der Anthere.

Fig. *Uc.* Gynostemium derselben Pflanze von vorn.

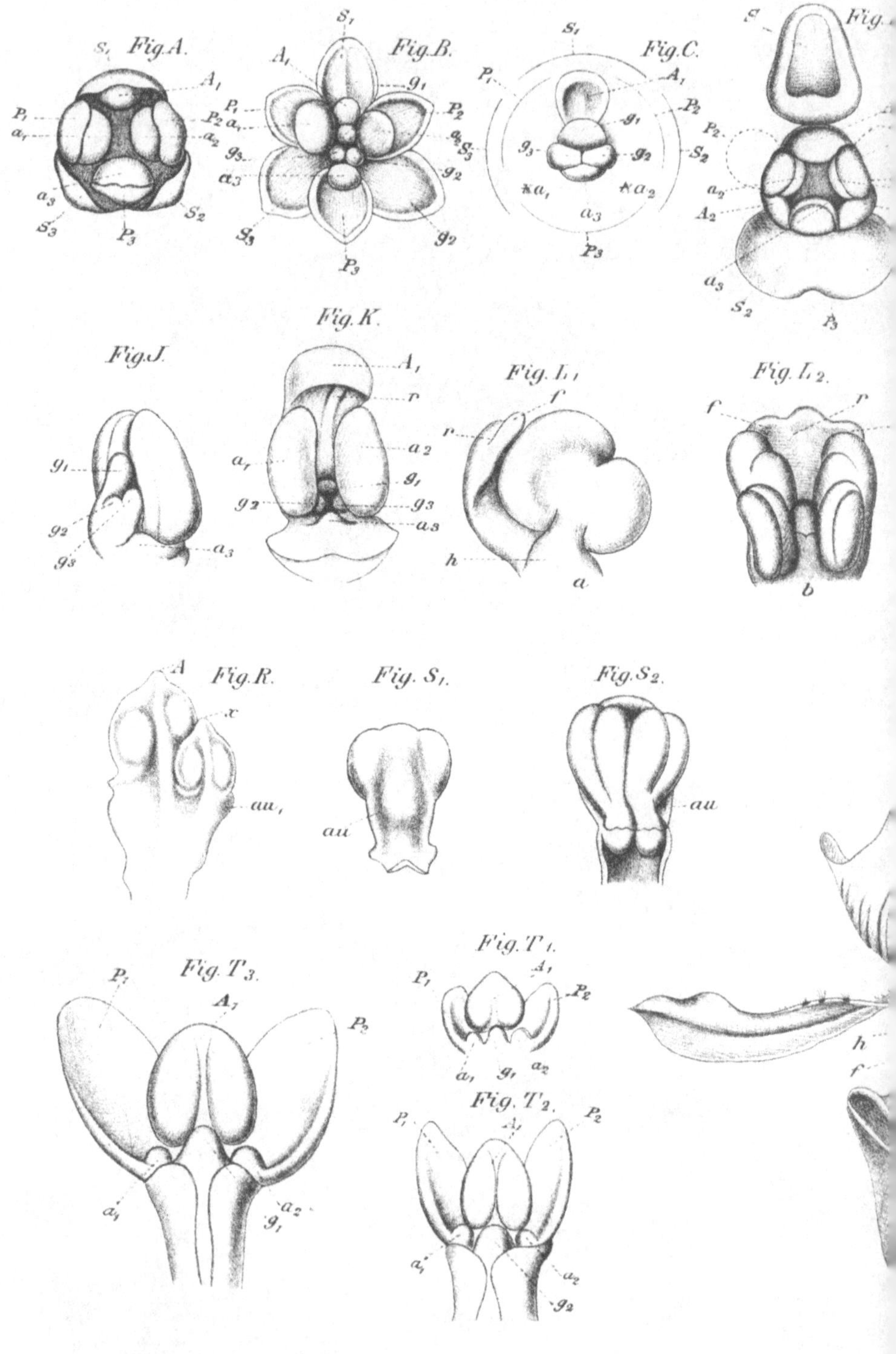
Fig. A.
Fig. B.
Fig. C.
Fig.
Fig. K.
Fig. J.
Fig. L 1
Fig. L 2.
Fig. R.
Fig. S 1.
Fig. S 2.
Fig. T 1.
Fig. T 3.
Fig. T 2.

Taf. XVI u. XVII

Fig. F.

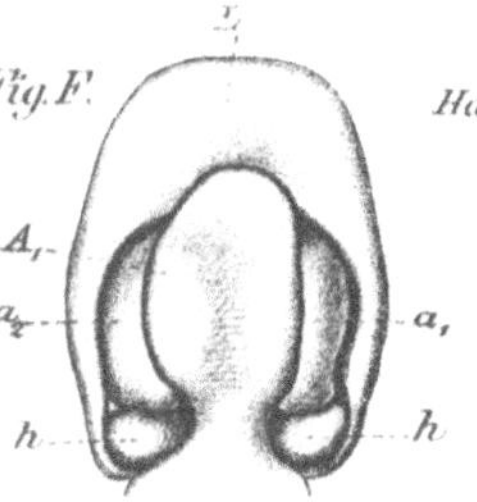

Fig. G.

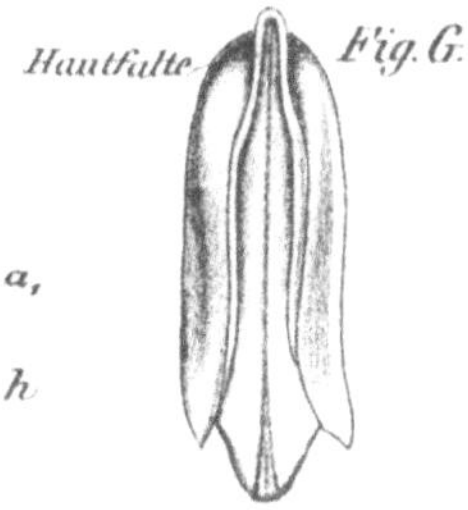

Fig. H.

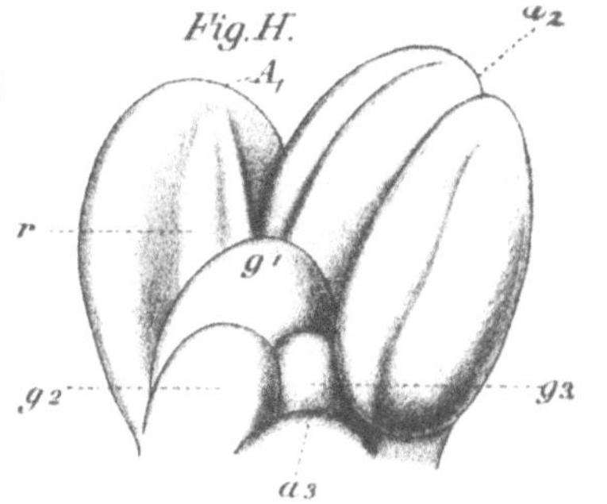

M.

Fig. N.

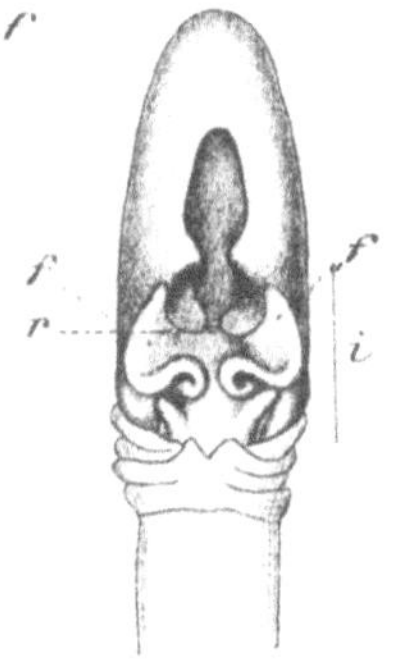

Fig. O.

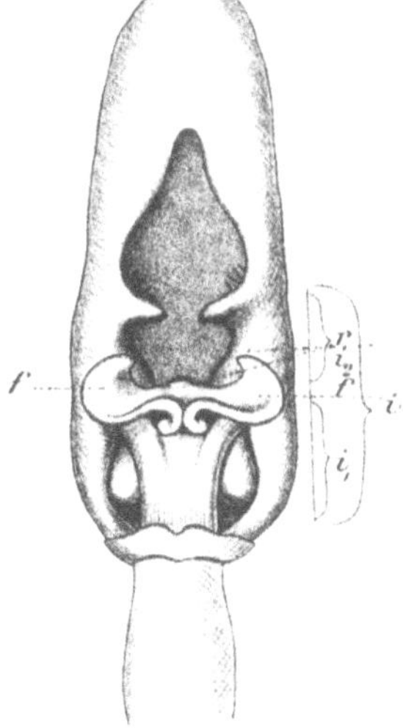

Fig. P₁.

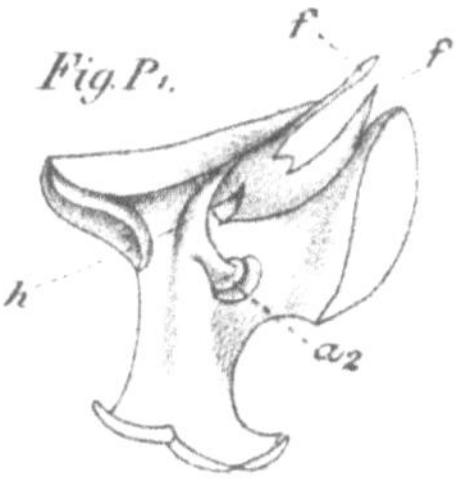

Fig. P₂.

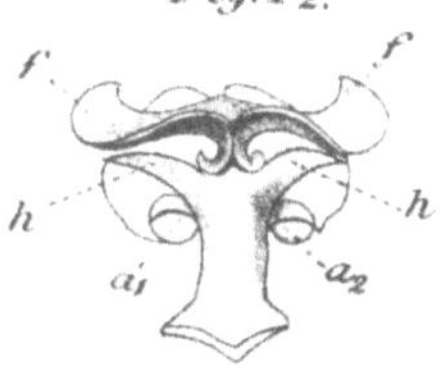

Fig. U.

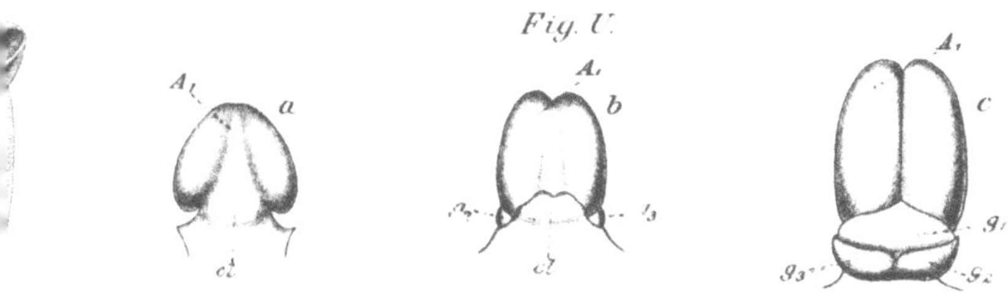

FSC
www.fsc.org
MIX
Papier | Fördert gute Waldnutzung
FSC® C083411

Kolibri 360 GmbH
Ferdinand-Jühlke-Straße 7
99095 Erfurt, Deutschland
produktsicherheit@kolibri360.de